KB194608

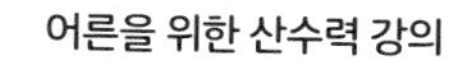
어른을 위한 산수력 강의

일러두기

- 모든 각주는 옮긴이의 주입니다.

어른을 위한 산수력 강의

요시자와 미쓰오 지음

박조은 옮김

시그마북스
Sigma Books

어른을 위한 산수력 강의

발행일 2025년 5월 20일 초판 1쇄 발행
지은이 요시자와 미쓰오
옮긴이 박조은
발행인 강학경
발행처 시그마북스
마케팅 정제용
에디터 최윤정, 최연정, 양수진
디자인 김문배, 강경희, 정민애

등록번호 제10-965호
주소 서울특별시 영등포구 양평로 22길 21 선유도코오롱디지털타워 A402호
전자우편 sigmabooks@spress.co.kr
홈페이지 http://www.sigmabooks.co.kr
전화 (02) 2062-5288~9
팩시밀리 (02) 323-4197
ISBN 979-11-6862-363-7 (03410)

차례

도형

경우의 수와 확률 · 통계

논리

머리말

요즘 산수력과 수학력이 중요하다는 인식이, 특히 사회인 사이에서 폭넓게 높아지고 있다. 1990년 무렵에는 일본이 GDP(국내총생산)로는 2위, IMD(스위스 국제경영개발대학원)에서 발표하는 '세계경쟁력 연감'에서는 1위였지만, 2023년에는 각각 4위와 35위로 순위가 떨어졌다. 이런 상황을 고려해 최근 몇 년 동안 경제산업성[1]은 「수리 자본주의 시대-수학 파워가 세계를 바꾼다」라는 보고서를 발표했고, 정부의 교육미래창조회의에서는 이과 분야의 내실화를 목표로 하는 방침을 내놓았다.

대체로 산수와 수학은 인류가 만들어낸 객관적인 '수'를 기반으로 엄밀한 논리를 전개하는 학문이다. 그리고 초등수학을 원천으로 해 중학수학, 고등수학, 대학수학으로 이어지는 큰 줄기로 발전해 왔다. 그만큼 초등수학의 교육과 학습이 중요하지만, 최근에는 이해를 무시한 채 '공식'만을 암기해 흐지부지 넘어가려는 경향이 두드러진다. 모든 일은 이해해야 비로소 응용할 수 있으므로 그런 학습 방식으로는 단순한 시험 점수면 몰라도 대단한 효과를 기대하기 어려울 것이다. 반대로 이해를 중요시하는 초등수학의 학습을 목표로 노력하면, 고등수학의 힘을 빌리지

1 일본의 행정조직으로 한국의 산업통상자원부와 중소벤처기업부에 해당한다.

않더라도 창의적으로 생각해 많은 문제를 해결할 수 있다. 나는 22년간 근무한 조사이대학교와 도쿄이과대학교 수학과를 떠나 2007년에 오비린대학교 리버럴아츠학군[2]으로 자리를 옮겼다. 이 학교에는 '수학을 싫어하는 학생'이 많았지만 리버럴아츠학군 교육 과정에는 산술, 기하, 논리 등이 포함되어 있기에, '수학을 싫어하는 학생'을 줄이는 활동을 펼치기에 적합한 환경이었다. 부임 후 몇 년이 지나 취직위원장 보직을 맡았다. 학생들이 취업난으로 고생하던 시기였기에 2학기에는 취업 적성검사에서 비언어 문제를 어려워하는 학생을 대상으로 매주 목요일 야간에 '취업을 위한 초등수학 무료 강의'를 진행했다.

이 강의는 이후 '수의 기초 이해'라는 정규 강의로 자리 잡았고, 퇴직할 때까지 계속 개설되었다.

강의에서는 리버럴아츠의 '학문 기초'와 '수의 기초 이해'를 통해서 초등수학의 중요한 개념과 실제 응용 예시를 이해하도록 지도하는 데 힘썼다. 특히 학생들이 이해하지 못한 부분이 있으면 대화를 통해 원인을 파악해 세심하게 설명하려고 했다. 그 결과, 수학을 싫어하던 상당수의 학생들이 수학을 좋아하게 되었다고 자부

---

2 약 30개의 학문 분야에서 다양한 전공을 융합해 학습할 수 있도록 설계된 교육 과정이다.

한다. 실제로 수학을 싫어해서 문과 계열로 전공을 정하려고 입학하기는 했지만, 수학 전공인 내가 운영하는 연구 모임에 참가하는 학생이 매년 여러 명이나 있었다. 물론 연구 모임에는 원래부터 '수학을 좋아하는 학생'도 절반 이상 참여하고 있었으며, 매년 몇 명 정도는 지방자치단체의 채용 시험에 합격해 수학 교사로 활약하고 있다.

대학교에서의 교육과 초·중·고등학교에서의 특강을 포함하면 약 3만 명을 지도한 셈인데, '공식'을 암기하기만 하는 학습에 익숙해진 사람들은 어떤 의미에서 보면 '교육의 희생양'이라고도 말할 수 있을 것이다. 2022년 말에 출간한 저서 『중학생부터 어른까지 즐기는 산수와 수학 틀린그림찾기』(국내 미발간)는 그러한 문제점을 인식하는 데 가장 적절한 책이었다고 생각한다.

이를 토대로 나는 2023년도에 웹매거진 〈현대비즈니스(+α온라인)〉에서 「어른을 위한 초등수학 다시 배우기」라는 시리즈를 연재했다. 시리즈는 '제1장: 수와 연산', '제2장: 양과 비와 비율', '제3장: 도형', '제4장: 경우의 수와 확률과 통계', '제5장: 논리'로 구성했다. 편집 기술이 뛰어난 덕분에 기사에 수식이나 그림도 풍부하게 사용할 수 있었고, 매회 높은 조회수를 기록했다.

이 책은 그 연재분에서 복습 문제와 칼럼 등을 추가하고 수정해 정리한 것이다. 약간 페이지 수가 많아졌지만, 이 책 한 권으로 초등수학의 중요한 개념과 응용법을 제대로 배울 수 있도록 집필했으므로 양해해 주기 바란다.

또한, 이 책의 내용은 초등수학을 넘어 '더 어려운 수학을 학습하는 길'로 이어지도록 신경을 썼다. 약간의 홍보를 하자면 『상위 1%를 위한 SKY 수학(상, 하)』, 『새로운 체계로 배우는 중학수학 교과서(상, 하)』(국내 미발간), 『새로운 체계로 배우는 대학수학 입문 교과서(상, 하)』(국내 미발간)라는 책이 이미 출간되어 있으며, 이 책이 시리즈에 추가되면서 초등수학 다시 배우기부터 대학수학까지 큰 강줄기가 흐르듯이 배울 수 있을 것이다.

2024년 5월

요시자와 미쓰오

수와 연산

정수

$3 \leq 7$은 참이다, 그렇다면 $3 \leq 3$은?

전하려는 정보를 오해 없이 정확하게 표현하고자 인류는 긴 세월에 걸쳐 객관적인 표현으로 '정수'를 탄생시켰다.

기원전 1만 5000년~기원전 1만 년 무렵, 구석기 시대의 근동(북아프리카의 지중해 연안, 동아랍 지역, 아나톨리아, 발칸 반도 등 서아시아 지역)에서는 동물 뼈에 선을 여러 개 새긴 '탤리 스틱'라는 물건을 사용했다. 이 선은 특정한 '구체적 사물'의 수량을 기록하기 위해 새겼다고 추정되며, 하루하루의 음력에 맞추어 하나씩 새겼다는 가설도 있다.

또한 기원전 8000년 무렵부터 시작된 신석기 시대의 근동에서는 원뿔, 구, 원반, 원기둥 모양의 작은 점토 '토큰'을 사용했다.

기름 항아리는 달걀형 토큰으로, 작은 단위의 곡식은 원뿔형 토큰으로 세는 등 물품마다 대응하는 특정 토큰이 있었다. 기름 항아리 1개는 달걀형 토큰 1개로, 기름 항아리 2개는 달걀형 토큰 2개로, 기름 항아리 3개는 달걀형 토큰 3개로 세었는데, 토큰은 '1대1 대응(하나씩 짝 맞추는 관계)'을 기반으로 사용했다.

예제

남자아이와 여자아이가 여러 명 있을 때, 각각의 인원수를 세지 않고 '남자아이는 여자아이보다 인원수가 많다', '여자아이는 남자아이보다 인원수가 많다', '남자아이와 여자아이의 인원수는 같다' 중 어느 것이 성립할지를 확인하는 방법이 있다. 바로 남자아이와 여자아이 1명씩 손을 잡는 것이다. 다시 말해 1대1로 대응시키는 방법이다. 남자아이(여자아이)가 남으면 남자아이(여자아이)가 많고, 어느 쪽도 남지 않으면 인원수는 동일하다.

이라크의 우루크 지역에서 출토된 기원전 3000년 무렵의 점토판에는 5를 의미하는 쐐기 모양 기호 5개와 양을 표현한 그림문자가 함께 새겨져 있었다. 이는 양 다섯 마리를 의미하고 수의 개념이 개별 물품 개념에서 독립했음을 나타내며, '자연수(양수)'의 탄생을 의미한다.

이렇게 5라는 자연수가 확립되었다면, 이후 그보다 조금 큰 다른 자연수가 확립되는 일은 자연스러운 흐름일 것이다. 반면 음수와 '0'은 좀 더 나중에 탄생했다.

그리고 0에는 의미가 둘 있는데, 서로 다른 시기에 등장했다. 하나는 '709'에서 십의 자리가 비어 있는 것처럼 특정 자릿수가 비어 있음을 뜻하는 0이다. 다른 하나는 그 자체를 하나의 수로 간주하는 0이다.

전자의 의미로는 이미 고대 바빌로니아나 마야 문명에서도 사용했다. 한편, 후자의 의미를 포함해 0을 나타내는 기호를 쓰기 시작한 나라는 인도이며, 5세기부터 9세기 사이에 0을 포함한 십진법이라는 기수법을 발명했다. 이후 원칙적으로 십진법을 사용하게 되었다.

덧붙여 음수의 개념은 기원전 2세기 무렵에 쓰인 고대 중국의 수학책 『구장산술』에서 등장한다.

$$\cdots\cdots\ -4,\ -3,\ -2,\ -1, 0, 1, 2, 3, 4\ \cdots\cdots$$

위 모든 숫자가 정수인데, 정수는 다음 3가지 형태로 이루어진다.

정수
- 자연수(양수) ▶ 1, 2, 3, 4……
- 영 ▶ 0
- 음수 ▶ -1, -2, -3, -4……

(이 부분은 중학교에서 배운다.)

일반적으로 수를 직선 위에 나열한 수직선의 모든 점에 대응하는 수를 실수라고 부른다. 또한 단순히 '수'라고 하면 대개 실수를 나타낸다.

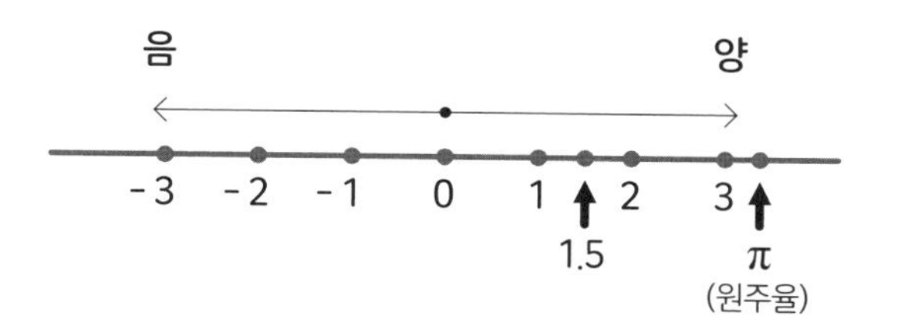

이때 음수에는 반드시 마이너스 기호 '-'를 붙이지만, 양수에는 플러스 기호 '+'를 생략해도 상관없다.

0보다 큰 수를 양수라고 말하고, 0보다 작은 수를 음수라고 한다. 1과 2 사이에 있는 1.5도, 3보다 조금 큰 원주율 π(3.14……)도 실수다. 참고로 원주율의 정의(약속)는 원의 둘레(길이)인 원주를 원의 중심을 지나는 지름(반지름의 2배)으로 나눈 값이다.

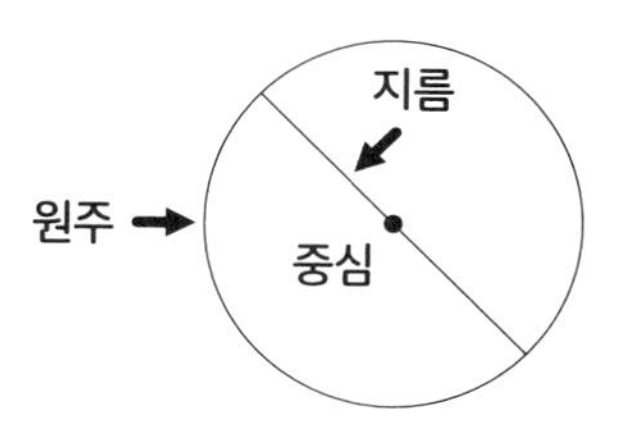

이쯤에서 부등호 기호를 살펴보자.

$$3 \leqq 7 \qquad 3 \leq 7$$

둘 다 같은 의미이며, '3은 7 이하'로 참이다.

$3 \leqq 3$　　　　　　$3 \leq 3$

물론 위 수식도 참이지만 '이 부등식은 틀렸다'고 생각하는 사람이 적지 않다.

예제

수형도

수형도 그리기는 "일, 이, 삼, 사……" 하고 하나씩 수를 셀 때 혹은 재검토할 때 유용하다.

예를 들어, 다음 그림처럼 노선도가 있을 때, 출발지 A에서 도착지 F에 도달하는 경로가 몇 가지 있을지 구해보자. 단, 같은 지점을 두 번 지나갈 수 없다.

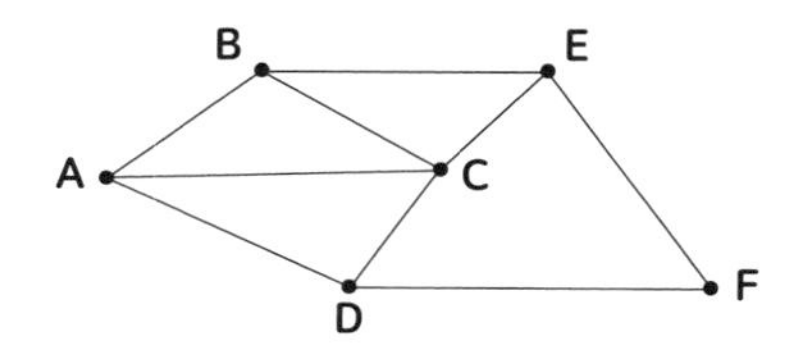

이런 문제를 풀 때 종종 그림의 선 위를 몇 번이고 연필로 덧그리는 사람이 있는데, 나중에는 알아보기 힘들어져서 검토하기 어려워진다. 다음처럼 수형도를 그리면 답은 10개임을 쉽게 확인할 수 있다.

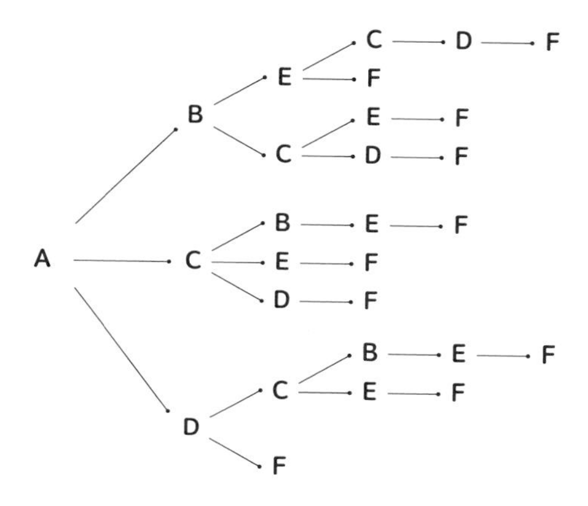

이번에는 수직선에서 생각해 보자. 수직선 위의 모든 수, 즉 실수 전체에서 보면 정수는 매우 적다는 점을 알 수 있다.

그런데 실제 문제에서는 인원수나 물건의 개수처럼 답이 정수여야만 하는 경우가 종종 있다. 이것을 일반적으로 '정수 조건'이라고 부른다. 예를 들어, 15명을 5개 그룹으로 균등하게 나눌 때, 한 그룹에는 몇 명이 소속되는지를 계산해 보자.

$$15 \div 5 = 3 \text{ (명)}$$

3명이라는 답이 나온다. 그런데 만약 16명을 5개 그룹으로 균등하게 나눈다면 한 그룹에 몇 명이 소속되어야 할까?

$$16 \div 5 = 3.2 \text{ (명)}$$

3.2명이라는 계산이 나온다. 요컨대 정수 범위에서는 답이 성립하지 않으므로 정수 조건에 어긋나 모순이 생긴다.

그러므로 16명을 5개 그룹으로 똑같이 나누는 것은 불가능하다.

다음으로는 정수 조건의 예를 2개 소개한다.

예제

A군은 계산 문제를 100개 풀었다. 정답에는 5점을 더하고, 오답에는 2점을 빼는 감점법 규칙에 따라 모든 문제를 A군이 직접 채점했더니, 총점은 250점이었다. A군의 채점에 실수가 있었음을 증명해 보자. 단, 답을 비워둔 문제는 없었다.

A군이 정답이라고 판단한 문제의 개수를 x, 오답이라고 판단한 문제의 개수를 y라고 하면 다음의 2가지 식이 나온다.

$x + y = 100$ ……❶

$5 \times x - 2 \times y = 250$ ……❷

등식을 아래처럼 바꿀 수 있다. ❶의 양변에 2를 곱하면 ❸의 식이 나온다..

$2 \times x + 2 \times y = 200$ ……❸

❷와 ❸의 양변(등호의 좌변과 우변)을 더하면 다음과 같다.

$$5 \times x - 2 \times y + 2 \times x + 2 \times y = 250 + 200$$

$$7 \times x = 450$$

그런데 정수 조건에 따라 x는 정수여야 하므로 이것은 모순이 된다. 따라서 A군의 채점에 실수가 있었다는 점이 증명된다.

여담이지만 IT분야에서 세계적으로 유명한 인도공과대학교의 입학시험은 어렵기로도 유명하다. 2000년 입학시험에서 모든 수학 문제가 증명이어서 화제가 되었으나, 약 80만 명이 치르는 시험에서 서술형을 유지하기는 어려웠을 것이다. 그래서 현재는 정답을 선택하는 문제로 바뀌었는데, 채점에 감점법을 도입해 주목을 모았다. 따라서 정답에 자신이 없는 문제는 비워두면 '0점'으로, 감점이 없다.

예제

그림1은 한 변이 1cm인 정사각형 4개로 구성된 도형이다.

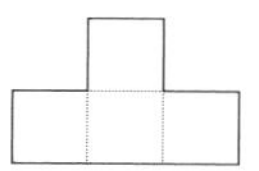

그림1의 도형을 8개 사용하면 그림2처럼 넓이가 32cm²인 직사각형을 만들 수 있다.

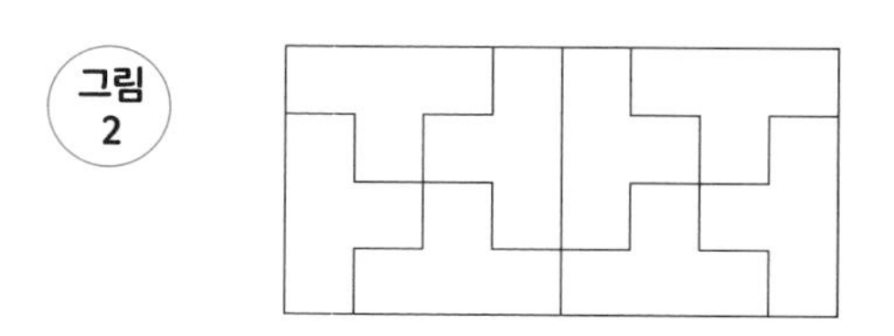

하지만 그림1의 도형을 15개 사용해 넓이가 60cm²인 직사각형을 만들지는 못한다. 그 이유를 생각해 보자. 넓이가 60cm²인 직사각형이 있다고 가정하고, 그 직사각형을 한 변이 1cm인 정사각형 60개로 나눈 뒤 그림3처럼 흑과 백을 번갈아가며 칠한다. 그렇게 하면 세로나 가로가 짝수 cm가 되는데, 이 점을 생각하면 흑과 백의 정사각형이 30개씩 있음을 알 수 있다.

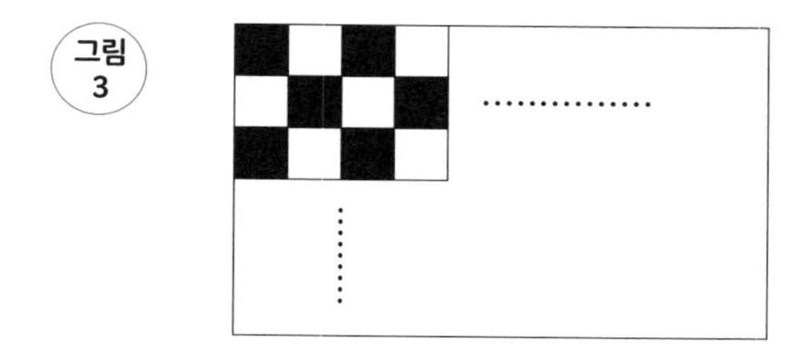

만약 한 변이 1cm인 정사각형 4개로 만든 그림1의 도형 15개를 이용해 그림3의 직사각형 모양대로 딱 맞게 배치할 수 있다면 그림4의 (가)와 (나)의 도형 15개로

도 흑과 백이 일치되도록 만들 수 있을 것이다.

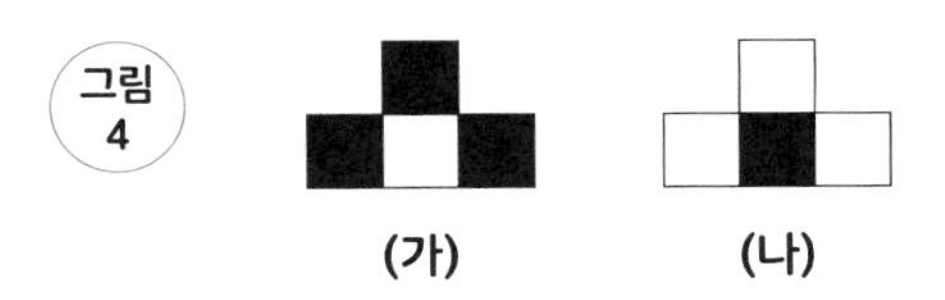

여기서 (가)는 흑이 3개, 백이 1개, (나)는 백이 3개, 흑이 1개이기 때문에 (가)와 (나)를 같은 개수로 사용해야만 그림3처럼 흑과 백의 작은 정사각형이 30개씩으로 구성된다. 그런데 도형 15개를 (가)와 (나)로 반씩 똑같은 개수로 나누려고 하면 아래처럼 계산된다.

$$15 \div 2 = 7.5 \ (\text{개})$$

정수 조건을 어기기 때문에 (가)와 (나)를 각각 같은 개수로 사용하지 못한다. 그러므로 그림1의 도형 15개로 그림3의 직사각형에 딱 맞게 배치할 수 없다.

강아지에게 숫자를 가르치는 꿈

고등학교 시절 기르던 코커스패니얼 강아지 '벨'에게 중요한 것을 배웠다. 갑 티슈에서 티슈를 1장 뽑으면 다음 티슈가 나온다. 그것을 알아챈 벨은 재미있었는지 어느 날 방 안을 온통 티슈로 어지럽혔다. 나는 어질러진 방을 보고 혼내기는커녕 그 '법칙'을 깨달은 벨을 "옳지, 잘했어" 하고 칭찬했다.

벨과의 추억은 그 외에도 있는데, 4와 5의 차이를 가르치려고 한 접시에는 비스킷 4장을, 다른 한 접시에는 비스킷 5장을 놓고 선택한 접시의 비스킷만 주는 실험을 여러 번 시도했던 적이 있다. 벨은 5장이 담긴 접시로 가지 않고 두리번두리번 둘러보고는 우연히 시선이 멈춘 곳으로 갈 뿐이었다. '1대1 대응'으로 정수를 가르쳐야 했다고 반성하고 있다.

참고로 인터넷에서도 소개된 앵무새 '알렉스'는 정수를 6까지 셀 수 있다고 한다.

복습 문제

문제 1 빨간 티셔츠를 입은 홍팀과 흰 티셔츠를 입은 백팀, 파란 티셔츠를 입은 청팀의 학생이 여럿 모여 있다. 우선 그 3개 팀의 학생 수는 모두 같을 것이라 예상된다. 인원수를 세지 않고 3개 팀의 학생 수가 동일한지 확인할 방법을 말해보자.

문제 2 그림1의 (가)는 일본식 방에 다다미 8장을 깔 때 일반적으로 사용하는 방식이며, (나)와 (다)도 똑같이 다다미 8장을 놓은 것이다.

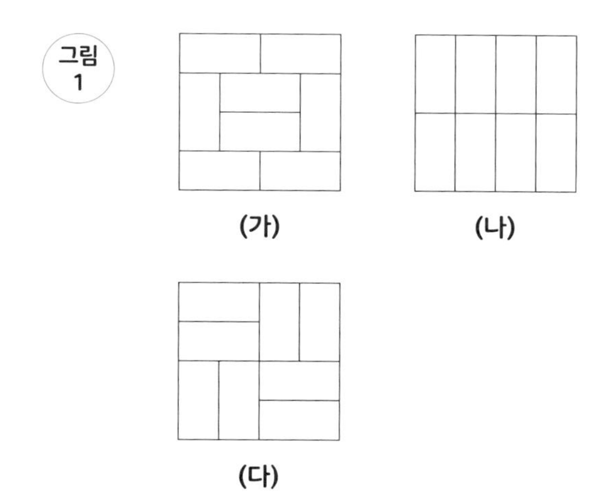

어떤 사람이 다다미 8장짜리 방 모서리에 커다란 꽃병을 2개 놓기 위해 반 장짜리 공간 2곳을 선택해 마루로 바꾸려고 한다.

그림2의 (가)처럼 바꾸면 다다미를 7장 깔 수 있지만 (나)처럼 바꾸면 어째서인지 다다미 8장을 깔 수 없다. 왜 불가능한지를 설명해라. 힌트를 주자면, 그림3처럼 하얀색 반 장짜리 다다미 6장과 검은색 반 장짜리 다다미 8장으로 흑과 백이 이웃하지 않도록 배치하는 것을 가정해 보자.

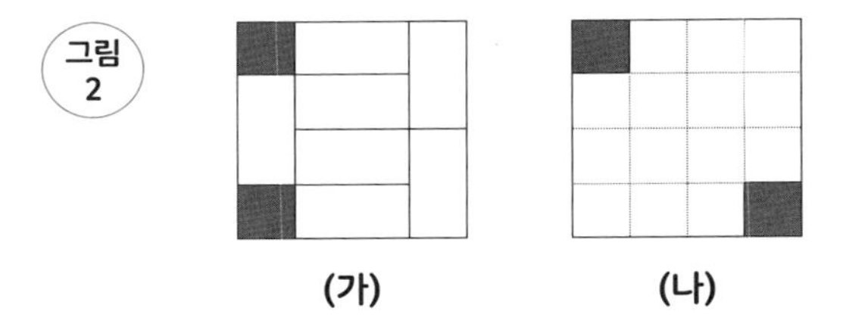

(가) (나)

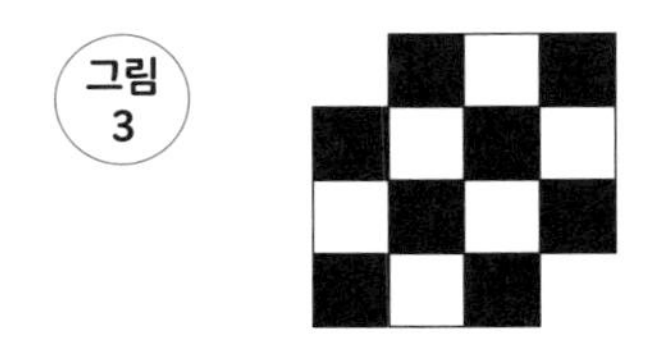

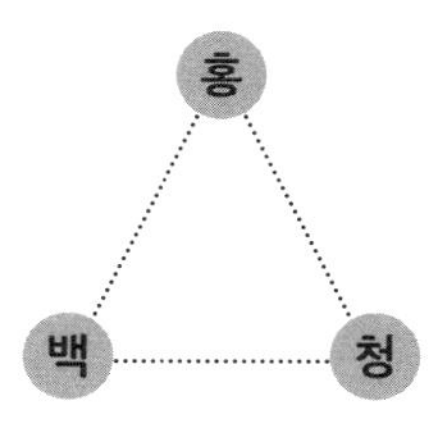

위 그림처럼 홍, 백, 청 각 팀의 학생에게 3인 1조로 손을 잡으라고 한다. 남은 학생이 없으면 확인은 끝난다.

힌트에서 말했듯이 방에 반 장짜리 다다미 14장을 배치한다고 가정한다(그림3 참조). 만약 그림3대로 다다미 7장을 딱 맞추어 넣을 수 있다면 그림4처럼 색을 칠한 다다미 7장을 배치할 수 있게 된다.

그러면 방에는 검은색 정사각형이 7개, 흰색 정사각형이 7개 들어간 것이 된다. 그런데 그림3에서는 검은색 정사각형이 8개, 흰색 정사각형이 6개 있기 때문에 모순이 된다. 따라서 그림3에 다다미 7장을 알맞게 배치하는 것은 불가능하다.

2 사칙연산과 계산 규칙과 계산 법칙

40 - 16 ÷ 4 ÷ 2 계산하는 법

먼저 덧셈과 뺄셈을 생략하고 바로 곱셈으로 넘어가는 것을 양해해 주기 바란다.

곱셈에서는 받아 올림을 이해하기 위해서 세 자리 수끼리의 곱셈으로 복습하는 것이 좋다. 예시로 살펴보자.

$$493 \times 738 = 363834$$

위 곱셈을 세로셈으로 계산하면 다음과 같다.

$$\begin{array}{r} 493 \\ \times\ 738 \\ \hline 3944 \\ 1479 \\ 3451 \\ \hline 363834 \end{array}$$

첫 번째 단, 두 번째 단, 세 번째 단은 각각 다음의 식을 의미한다.

$$493 \times 8 = 3944$$

$$493 \times 30 = 14790$$

$$493 \times 700 = 345100$$

참고로 첫 번째 식을 보면 3×8에서 2가 십의 자리로 올라가고, 다음으로 9×8에서 그 2를 더한 뒤 7이 백의 자리로 올라간다. 이처럼 차례로 받아 올리는 방식을 이해하려면 두 자리 수끼리의 곱셈으로는 부족하다(뒤에서 설명하는 도미노 현상을 참조). 그리고 다음 식에 유의해 마지막 단을 계산한다.

$$493 \times 738 = 493 \times (8 + 30 + 700)$$

$$= 493 \times 8 + 493 \times 30 + 493 \times 700$$

또한 세로셈의 두 번째 단에서는 14790 끝부분의 0이, 세 번째 단에서는 345100 뒷부분의 00이 각각 생략되어 있다는 점에 주의한다.

2005년 무렵, 인도의 수학 교과서를 봤을 때 우연히 아래와 같은 기법으로 지도하는 내용을 발견하고 감격했다.

$$\begin{array}{r} 493 \\ \times\ 738 \\ \hline 3944 \\ 14790 \\ 345100 \\ \hline 363834 \end{array}$$

이제 도미노 현상에 대해 알아보자. 그림 (가)에서는 쓰러뜨리는 A와 쓰러지는 B의 관계만 존재한다. 하지만 (나)에서는 쓰러뜨리는 C와 쓰러지는 E가 각각 A, B와 같지만, D는 다르다. D는 C에 따라 쓰러지는 동시에 E를 쓰러뜨리기 때문에 '쓰러지면서 동시에 쓰러뜨리는' 도미노 패다.

그런 패의 존재를 이해했다면 도미노 현상의 원리를 이해한 셈이다. D의 움직임이 세 자리 수끼리의 곱셈에서 '아래에서 올라온 숫자를 십의 자리에 더하는 동시에, 백의 자리로 새로운 숫자를 올려보낸다'라는 작업과 본질적으로 같다는 점을 이해했을 것이다.

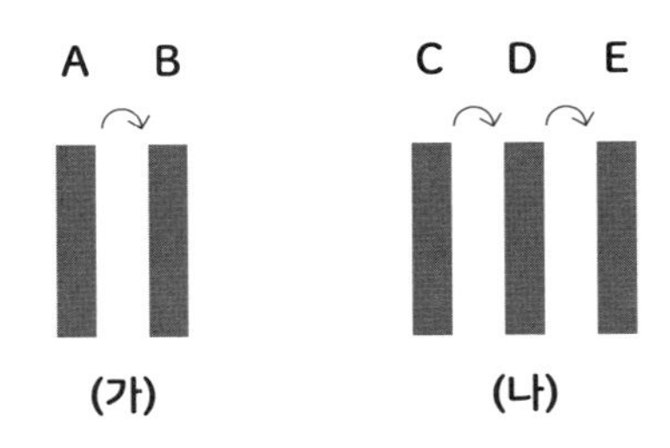

(가)　　　　(나)

덧붙이자면 나는 2000년 전후로 세 자리 수끼리의 세로셈 곱셈 교육이 필요하다고 〈아사히신문〉 2000년 5월 5일의 사설 '논단'에서 강하게 주장했다. 유감스럽게도 2002년부터 시행된 '유토리 교육'[1]에서는 세 자리 수끼리의 곱셈이 초등학교 수학 교과서에서 사라졌다.

---

1 여유 있는 교육을 뜻하며, 주입식 교육에서 벗어나 학습 시간과 학습량을 줄이고 사고력을 키우고자 시행한 일본의 교육 정책이다. 성과도 있었지만 학생들의 학력 저하 문제로 폐지되었다.

한편, 일본 국립교육정책연구소는 2006년 7월에 「특정 과제에 관한 조사(산수, 수학)」(초4~중3 약 3만 7000명 대상)에서 다음과 같이 보고했다.

초등학교 4학년을 대상으로 한 조사에서 '21 × 32' 문제의 정답률(답은 672)은 82.0%인데 반해 '12 × 231' 문제의 정답률(답은 2772)은 51.1%로 급락했다.
게다가 초등학교 5학년의 '3.8 × 2.4' 정답률(답은 9.12)은 84.0%인데 반해 '2.43 × 5.6'의 정답률(답은 13.608)은 55.9%로 뚝 떨어졌다.

이를 계기로 '세 자리 수끼리, 혹은 최소한 세 자리 수 × 두 자리 수의 곱셈은 배워야 한다'는 목소리가 높아졌다.
얼마 지나지 않아 나는 문부과학성[2]의 위촉 사업인 '(초등학교 수학) 교과서의 개선과 충실성에 관한 연구' 전문가위원회의 위원으로 임명되었다(2006년 11월~2008년 3월). 그 논의 결과로 곱셈의 자릿수 문제, 사칙 혼합 계산 문제, 소수와 분수의 혼합 계산 문제 등에 관한 주장이 최종 보고서에 포함되었고, 그 후 학습지도요령[3] 하의 초등학교 수학 교과서에서는 곱셈의 자릿수 문제가 개선되었다.

다시 돌아와서, 숫자 사이에 0이 들어간 곱셈을 예로 들어보자.

---

2 일본의 행정기관으로 한국의 교육부, 과학기술정보통신부, 문화체육관광부에 해당한다.

3 일본의 문부과학성이 제시하는 초등·중학 교육 과정의 기준이다.

$$493 \times 708 = 493 \times (8 + 700)$$

$$= 493 \times 8 + 493 \times 700$$

위 식을 세로셈하면 다음과 같이 나타낸다.

$$\begin{array}{r} 493 \\ \times\ 708 \\ \hline 3944 \\ 3451 \\ \hline 349044 \end{array}$$

다음으로 나눗셈인데, 나눗셈이 덧셈, 뺄셈, 곱셈 등과 다르게 중요한 점은 '나머지'다.

$17 \div 5 = 3$ 나머지 2

위 식을 이해해 보자. 예를 들어, 알사탕 17개를 5개씩 나누면 세 묶음이 만들어지고, 2개가 남는다. 세로셈으로 계산하면 다음과 같다.

$$\begin{array}{r} 3 \\ 5\overline{)\,17} \\ 15 \\ \hline 2 \end{array}$$

이때 몫인 3은 다음과 같이 이해해 두면 좋다.

$17 - 5 = 12$
$12 - 5 = 7$
$7 - 5 = 2$

] 5를 세 번 뺄 수 있다.

이 의미를 이해하지 못하는 사람이 의외로 많은데 주의해야 한다. 나눗셈의 세로셈을 7648÷27이라는 구체적인 예로도 복습해 두자.

```
        2 8 3
    ---------
27 ) 7 6 4 8
     5 4
    ---------
     2 2 4
     2 1 6
    ---------
         8 8
         8 1
    ---------
           7
```

먼저 7648에서 27을 몇 백 번 뺄 수 있는지 생각한다. 27에 3을 곱하면 81이기 때문에 300번은 빼지 못한다.

하지만 27에 2를 곱하면 54이기 때문에 200번은 뺄 수 있다. 그러므로 7648의 백의 자리인 6 위에 2를 적는다.

다음으로 7648에서 5400을 뺀 결과인 2248에서 27을 몇 십 번 뺄 수 있는지 생각한다.

27에 8을 곱하면 216이고, 또 224와 216은 8밖에 차이가 나지 않기 때문에 80번 빼는 것이 가능하다. 따라서 7648의 십의 자리인 4 위에 8을 적는다.

그리고 2248에서 2160을 뺀 결과인 88에서 27을 몇 번 뺄 수 있는지 생각한다.

27에 3을 곱하면 81로, 또 88과 81은 7밖에 차이가 나지 않기에 세 번 빼는 것이 가능하다. 그 결과로 7648의 일의 자리인 8 위에 3을 적는다.

다시 말해 7648에서 27을 총 283회 뺄 수 있고, 마지막 단의 7이 나머지가 된다.

$$7648 \div 27 = 283 \text{ 나머지 } 7$$

위와 같은 결과가 나온다.

또 다른 식을 살펴보자. 다음 두 나눗셈의 답은 모두 '2 나머지 1'로 동일하다.

$$7 \div 3 = 2 \text{ 나머지 } 1$$

$$31 \div 15 = 2 \text{ 나머지 } 1$$

그러나 $7 \div 3$과 $31 \div 15$는 다른 식이라는 점에 주의해야 한다(다음 절의 분수를 참조).

또한 '0으로 나눈다'는 것은 생각하지 않기로 한다.

예 2016년 여름에 일본에서 하네다와 이시가키섬, 가을에는 하네다와 하코다테를 왕복했다. 그때 이용한 비행기의 승객 정원수와 화장실 수를 조사해 나누었더니 결과는 아래와 같이 나왔다. 계산한 결과는 비행기마다 매우 달랐다.

(비행기의 기종):(승객 정원수)÷(화장실 수)

B787 형 비행기 : $335 \div 4 = 83.75$

B777-200 형 비행기 : $405 \div 6 = 67.5$

B767-300 형 비행기 : $270 \div 5 = 54$

이렇듯 현재는 '단위당 기준'으로 생각하는 시대다. 나눗셈은 다양한 과제를 제안할 때도 활용되고 있다.

예제

생일 알아맞히기 퀴즈

1990년대 후반에 생일 알아맞히기 퀴즈를 몇 가지 만들었는데, 그중에서 25년 정도 계속 사용해 왔고 많은 아이들이 재밌어 하는 질문이다.

태어난 일을 10배한 값에 태어난 월을 더하세요. 그 결과를 2배한 값에 태어난 월을 더하면 얼마인가요?

질문의 답을 듣고 순식간에 응답자의 생일을 암산으로 맞힐 수 있지만, 설명을 위해 식으로 나타내 보자. 태어난 월을 x, 태어난 일을 y라고 하면 이 질문에서는 다음과 같은 식을 이끌어낼 수 있다.

$$(10 \times y + x) \times 2 + x = 20 \times y + 2 \times x + x$$

$$= 3 \times x + 20 \times y \quad \cdots\cdots❶$$

생일을 찾으려면 먼저 질문의 '답'을 20으로 나눈 나머지를 생각해야 한다. 즉, $3 \times x + 20 \times y$를 20으로 나눈 나머지를 생각하면 다음과 같은 식이 나온다.

$3 \times x + 20 \times y$를 20 으로 나눈 나머지

$= 3 \times x$를 20 으로 나눈 나머지 ······❷

20으로 나눈 나머지는 식에서 20을 계속 빼다가 더 이상 뺄 수 없게 되었을 때의 나머지이므로, $20 \times y$는 계산 과정에서 사라진다. ❷를 근거로 다음의 표를 생각해 보자.

표 1

x (월)	1	2	3	4	5	6	7	8	9	10	11	12
$3 \times x$	3	6	9	12	15	18	21	24	27	30	33	36
20으로 나눈 나머지	3	6	9	12	15	18	1	4	7	10	13	16

표1의 가장 아래 칸의 숫자는 모두 다르기 때문에 각각에 대응하는 위 칸의 숫자를 보면 x가 구해진다. 그리고 x를 구하면 ❶을 이용해서 y도 구할 수 있다.

질문의 답이 141일 때 아래와 같이 나타낸다.

$$141 \div 20 = 7 \text{ 나머지 } 1$$

표1의 맨 아래 칸에서 '1'을 찾으면 $x = 7$, 즉 7월생이라는 답이 나온다.

$$3 \times 7 + 20y = 141$$

$$20y = 120$$

그리고 위처럼 계산해서 $y = 6$, 즉 6일생이라는 답이 나온다.

질문의 답이 535일 때 아래의 같이 나타낸다.

$$535 \div 20 = 26 \text{ 나머지 } 15$$

표1의 가장 아래 칸에서 '15'를 찾으면 $x = 5$, 즉 5월생이라는 답이 나온다.

$$3 \times 5 + 20y = 535$$

$$20y = 520$$

그리고 위 식을 계산하면 $y = 26$, 즉 26일생이라는 답이 나온다.

다음으로 이 문제를 생각해 보자.

$$40 - 16 \div 4 \div 2$$

먼저 답부터 말하면 아래와 같다.

$$40 - 16 \div 4 \div 2 = 40 - 4 \div 2 = 40 - 2 = 38$$

간단하다고 생각할지도 모르지만 대학생 10명 중 1명이 틀리는 문제이기도 하다.

이 문제를 일본의 웹매거진인 〈현대비즈니스〉에 2021년 6월 16일 기사로 실은 적이 있는데 예상외의 큰 반응이 돌아왔다.

그 배경에는 다음 사칙 혼합 계산의 규칙을 사람들이 제대로 이해하지 못했다는 이유도 있을 것이다.

- 식의 왼쪽부터 계산하는 것이 원칙이다.

- 괄호가 있는 식을 계산할 때 괄호 안을 한 묶음으로 보고 먼저 계산한다.
- ×(곱셈)과 ÷(나눗셈)은 +(덧셈)과 -(뺄셈)보다 결속이 강하다고 보고 먼저 계산한다.

예

$$
\begin{aligned}
&53-(8+9\times3)\div(13-24\div3)\\
&=53-(8+27)\div(13-8)\\
&=53-35\div5\\
&=53-7=46
\end{aligned}
$$

참고로 ( )는 소괄호, { }는 중괄호, [ ]는 대괄호라고 한다. 그리고 { }는 ( )의 바깥쪽에 쓰고, [ ]는 { } 바깥쪽에 쓴다.

계산 법칙에는 다음의 3가지가 있는데, 순서대로 법칙을 이해해 보자.

또한 편의상 △, □, ○는 임의의 자연수(양수)라고 가정한다.

교환법칙

합(덧셈)의 교환법칙　△ + □ = □ + △

곱(곱셈)의 교환법칙　△ × □ = □ × △

결합법칙

합의 결합법칙 $(\triangle + \square) + \bigcirc = \triangle + (\square + \bigcirc)$

곱의 결합법칙 $(\triangle \times \square) \times \bigcirc = \triangle \times (\square \times \bigcirc)$

분배법칙

$\triangle \times (\square + \bigcirc) = \triangle \times \square + \triangle \times \bigcirc$

아래의 구체적인 예시로 살펴보자.

합과 곱의 교환법칙에 대해서는 아래의 예시로 생각해 보자.

$\triangle = 3,\quad \square = 5$

합의 교환법칙은 아래 그림처럼 한 줄로 나열한 ●의 개수를 왼쪽부터 세어도, 오른쪽부터 세어도 같다는 점에서 이해할 수 있다.

곱의 교환법칙은 다음 그림처럼 나열한 ●의 개수를 위에서 아래로 한 줄씩 더해도, 왼쪽에서 오른쪽으로 한 줄씩 더해도 같다는 것에서 이해할 수 있다.

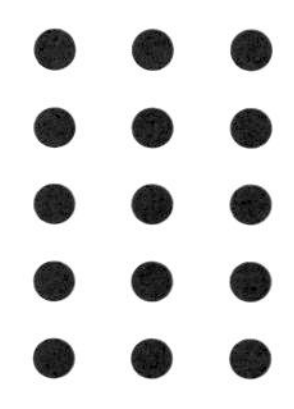

곱의 교환법칙에서 하나 유의했으면 한다. 17~19세기 일본의 대표적인 수학 교과서 『진겁기』의 맨 앞부분에 있는 구구단에 3×6은 있어도 6×3은 없는 것처럼, △×□(△≤□)은 있지만 △×□(△>□)은 없다.

이렇게 표기하는 편이 곱의 교환법칙을 바로바로 확인할 수 있어서 편리하다.

합과 곱의 결합법칙에 대해서는 다음의 경우를 생각해 보자.

△ = 3, □ = 4, ○ = 5

합의 결합법칙은 아래의 그림처럼 한 줄로 나열한 ●의 개수가 좌우 어느 쪽부터 세어도 합계가 같다는 점에서 이해할 수 있다.

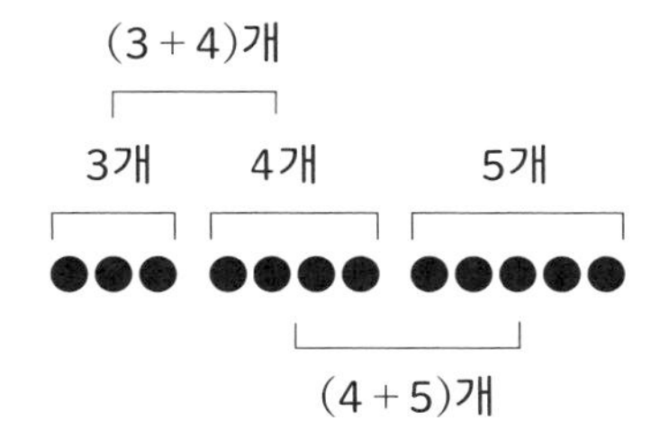

곱의 결합법칙에 대해서는 아래 그림처럼 직육면체를 구성한 한 변이 1cm인 정육면체의 개수를 생각해 보자.

직육면체는 세로 3cm, 가로 4cm, 높이 5cm이기 때문에 정육면체의 개수를 구하면 아래처럼 식을 세울 수 있다.

$$(3 \times 4) \times 5 = 3 \times (4 \times 5)$$

참고로 3×4는 상단에 있는 정육면체의 개수이고, 4×5는 앞면에 보이는 정육면체의 개수다.

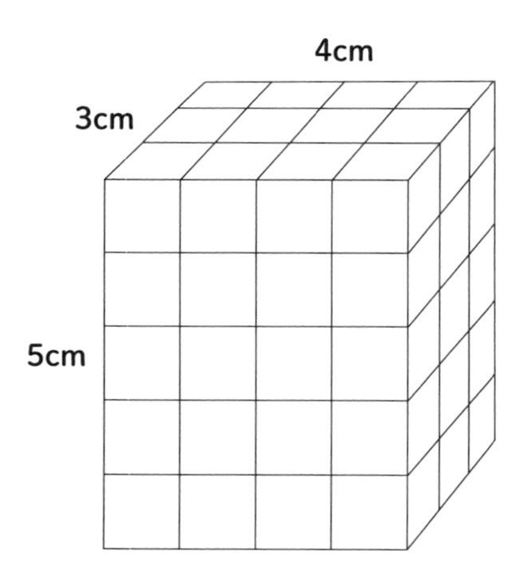

결합법칙은 '－'와 '÷'에서는 일반적으로 성립하지 않는다는 점을 구체적으로 확인해 두자.

$$(8-4)-2 \neq 8-(4-2)$$

$$(8 \div 4) \div 2 \neq 8 \div (4 \div 2)$$

마지막으로 분배법칙인데, 아래의 경우에 대해 생각해 보자.

$$\triangle = 3, \quad \square = 2, \quad \bigcirc = 4$$

아래 그림처럼 세로에 3개, 가로에 6개의 ●가 나열되어 있다.

$$3 \times 6 = 18 \text{ (개)}$$

그러므로 총 18개다.

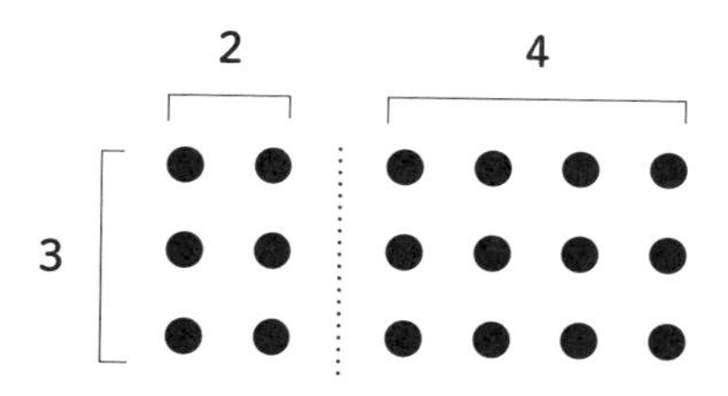

자세히 보면 왼쪽과 오른쪽이 점선으로 나누어져 있다. 따라서 다음과 같은 값이 나온다.

왼쪽 부분의 ● $= 3 \times 2 = 6$ (개)

오른쪽 부분의 ● $= 3 \times 4 = 12$ (개)

총 18개인 ●는 왼쪽에 있는 6개와 오른쪽에 있는 12개를 모두 더한 것이기 때문에 다음의 식이 성립됨을 의미한다.

$$3 \times (2 + 4) = 3 \times 2 + 3 \times 4$$

생일 알아맞히기 퀴즈가 인기 있는 이유

90년대부터 초·중·고등학교 특강을 시작해서 지금까지 200개 이상의 학교를 방문했는데, 학생들이 '생일 알아맞히기 퀴즈'를 특히 좋아해 주었다. 그 이유를 생각해 보면 하나는 "저요, 저요, 저요!" 하고 많은 학생들이 활기찬 목소리를 내며 모두가 참여하도록 수업을 진행하기 때문이다. 일방적인 수업보다 대화하며 참여하는 수업이 더 흥미로울 것이다.

그리고 하나의 계산식으로 월과 일, 두 값을 맞힌다는 것이 신기하게 느껴지기 때문이다. 그 점에서 1965년에 노벨 물리학상을 받은 도모나가 신이치로가 "신기하다고 생각하는 것, 이것이 과학의 싹입니다"라고 남긴 명언이 떠올랐다. 신기하다고 생각할 만한 경험을 하고 "왜?"라는 의문을 품으며, 의문에 대해 이해할 만한 설명을 듣고 그 응용법을 찾아내는 것, 사실 이런 흐름으로 '수학'을 배우는 것이 바람직하다.

원리를 물어보는 학생들의 표정에는 생기가 넘쳐서 기운을 받는 느낌이 든다.

복습 문제

본문에서 소개한 '생일 알아맞히기 퀴즈'를 이용해서 질문에 대한 답이 '443'인 사람의 생일을 맞혀 보자.

문제 2

다음 사칙 혼합 계산을 해보자.

(1) $7 \times \{(28 - 7) \div 3 + 3\} \div 5$

(2) $53 - (8 + 9 \times 3) \div (13 - 24 \div 3)$

문제 3

일상생활에서 누구나 사용하고 있는 10진법은 아래처럼 10개의 숫자 0, 1, 2, 3, 4, 5, 6, 7, 8, 9를 사용한다.

1, 2, 3, 4, 5, 6, 7, 8, 9, 10, 11, 12, …,

99, 100, 101, …

10진법은 사람의 손가락이 10개라는 점에서 유래했는데, 계산기에서 사용하는 2진법은 전기의 온과 오프에 대응하는 2개의 숫자 0과 1을 이용한다.

1, 10, 11, 100, 101, 110, 111,

1000, 1001, 1010, 1011, …

한편 2진법은 위처럼 늘어난다.

10진법과 2진법을 비교하면 아래와 같다.

10 진법의 1 = 2 진법의 1

10 진법의 2 = 2 진법의 10

10 진법의 4 = 2 진법의 100

10 진법의 8 = 2 진법의 1000

10 진법의 16 = 2 진법의 10000

10진법의 21을 2진법으로 표현하면 얼마가 될까? 또, 2진법의 11010을 10진법으로 표현하면 얼마가 될까?

$443 \div 20 = 22$ 나머지 3

위처럼 되기 때문에 1월생이다.

$$3 \times 월 + 20 \times 일 = 443$$

식을 계산하면 월이 1이기 때문에 일도 알아낼 수 있다.

$$20 \times 일 = 440, \quad 일 = 22$$

답은 1월 22일이다.

문제 2

해답

(1) $7 \times \{(28 - 7) \div 3 + 3\} \div 5$

$= 7 \times (21 \div 3 + 3) \div 5$

$= 7 \times (7 + 3) \div 5$

$= 7 \times 10 \div 5$

$= 70 \div 5 = 14$

(2) $53-(8+9\times3)\div(13-24\div3)$

$=53-(8+27)\div(13-8)$

$=53-35\div5$

$=53-7=46$

10 진법의 21

=10 진법의 16 + 10 진법의 4 + 10 진법의 1

= 2 진법의 10000 + 2 진법의 100 + 2 진법의 1

= 2 진법의 10101

2 진법의 11010

= 2 진법의 10000 + 2 진법의 1000 + 2 진법의 10

=10 진법의 16 + 10 진법의 8 + 10 진법의 2

=10 진법의 26

3 소수와 분수

소수끼리 나눌 때 주의할 점

역사를 돌아보면 소수와 분수에는 큰 차이가 있다. 분수의 개념은 고대 이집트에서 시작되었다. 당시 사용된 상형 문자 중 하나인 '히에로글리프'로는 1, 2, 3, 4, 10을 순서대로 아래와 같이 적었다.

I, II, III, IIII, ∩

그리고 히에로글리프로 '입'을 의미하는 상형 문자는 다음과 같다.

3분의 1과 10분의 1을 예로 들면, '|||'와 '∩' 위에 '입' 문자를 붙여 각각 다음처럼 표현했다.

||| ∩

이렇듯 분수는 여러 개의 물품을 공평하게 나누기 위해 탄생했다.

소수는 플랑드르(현재 벨기에) 출신 수학자이자 물리학자이자 회계학자인 시몬 스테빈(1548-1620)가 발견했다.

다만 당시의 표기는 현재와 약간 달랐다. 예를 들어, 소수 5.912를 아래처럼 표기했다.

5 ⓪ 9 ① 1 ② 2 ③

스테빈은 금리의 복리법을 계기로 소수를 발견했고, 소수는 다른 분야로 폭넓게 응용되었다.

1875년부터 1879년까지 일본의 고부대학교(도쿄대학 공학부의 전신)에 초청되어 강의한 영국 응용 수학자이자 수학 교육자인 존 페리(1850-1920)의 가르침은 과학기술을 중심으로 한 일본의 발전에 한 축을 쌓았다고 말할 수 있다.

입체도형과 소수 계산을 강조한 페리의 교육 방식은 공업 발전에 크게 이바지했다. 특히 페리는 모눈종이를 활용해 함숫값을 그래프로 그리는 것을 중요하게 지도했다는 점에서도 알 수 있듯이 소수를 철저히 사용하게 했다. 이는 미적분을 실제로 빠르게 응용할 수 있도록 가르치기 위해서다. 전쟁 후에 공업을 기반으로 한 눈부신 발전 뒤에는 그러한 페리의 교육도 있었다고 생각한다.

한편, 현재의 정보 통신 시대에는, 예를 들어 태양 흑점의 영향으로 통신로에 잡음이 들어갈 때 그것을 수정하기 위해 부호 이론이 사용되는데, 여기서 '÷'을 의미하는 분수의 개념이 큰 역할을 하고 있다.

요컨대 고도 경제성장기의 ‘소수’를 중시하던 아날로그 전성시대와는 달리 디지털 시대에서는 ‘분수’가 더 중요한 개념이 되었다고 볼 수 있다.

위에서 말했듯이 역사적인 흐름을 토대로 수학의 세계에서 소수와 분수를 복습해 보자.

물리량에 직결되는 소수에서는 기준이 되는 1을 10등분한 하나를 0.1, 0.1을 10등분한 하나를 0.01, 0.01을 10등분한 하나를 0.001이라고 정한다. 이하 동일하다. 그리고 예를 들어, 123.456이라는 소수는 다음을 의미한다.

$$123.456 = 123 + 0.1 \times 4 + 0.01 \times 5 + 0.001 \times 6$$

참고로 123.456의 경우 123을 정수 부분, 4를 소수점 첫째 자리, 5를 소수점 둘째 자리, 6을 소수점 셋째 자리라고 한다.

소수끼리의 덧셈과 뺄셈은 소수점의 위치에 맞추어 계산한다는 점에만 주의하면 정수끼리의 덧셈이나 뺄셈과 똑같이 계산하면 된다.

또한 소수점 이하의 자릿수가 다른 경우에는 다음과 같이 0을 붙이거나 다른 방법을 찾는다.

3.567 + 27.69

$$\begin{array}{r} 3.567 \\ +\,27.690 \\ \hline 31.257 \end{array}$$

$17.34 - 7.493$

$$\begin{array}{r} 17.340 \\ -\ 7.493 \\ \hline 9.847 \end{array}$$

다음은 소수끼리의 곱셈인데, 이것도 약간의 궁리가 필요하다. 먼저 아래 식에 대해서 생각해 보자.

$2 \times 3 = 6$

2를 100배한 200과 3을 10배한 30을 곱하면 다음과 같이 된다.

$200 \times 30 = 6000$

즉, 한쪽을 100배하고 다른 쪽을 10배하면 결괏값은 1000배가 된다. 그 점을 참고해 아래 식을 생각해 보자.

6.48×5.7

6.48을 100배한 648과 5.7을 10배한 57을 곱하면 다음과 같다.

$$
\begin{array}{r}
648 \\
\times \quad 57 \\
\hline
4536 \\
3240 \\
\hline
36936
\end{array}
$$

이 결과는 구하려는 계산 결과를 1000배한 값이기 때문에 마지막에 1000으로 나누어야 한다. 따라서 6.48×5.7의 풀이는 다음과 같다.

$$
\begin{array}{r}
6.48 \\
\times \quad 5.7 \\
\hline
4536 \\
3240 \\
\hline
36.936
\end{array}
$$

앞선 계산에서는 중간까지는 마치 648×57을 계산하는 것처럼 하다가, 마지막에 결괏값을 1000으로 나누고 뒤에서부터 세 번째 수인 9 앞에 소수점을 찍는 것이다.

다음으로 소수끼리의 나눗셈인데, 나눗셈에 대해서는 '나머지가 없는 문제' 이후에 '나머지가 있는 문제'를 설명하겠다. 준비를 위해 먼저 다음의 계산을 확인해 보자.

$$\left.\begin{aligned} 600 \div 300 &= 2 \\ 60 \div 30 &= 2 \\ 6 \div 3 &= 2 \\ 0.6 \div 0.3 &= 2 \\ 0.06 \div 0.03 &= 2 \end{aligned}\right] \text{☆}$$

(☆)에서는 나누는 수와 나누어지는 수가 나란히 10분의 1, 100분의 1, 1000분의 1…… 등이 될 때에도 몫은 동일하다는 점을 보여준다. 36.936 ÷ 5.7을 예시로 나머지가 없는 계산을 살펴보자.

```
           6.48
5.7 ) 36.936
      342
      ---
       273
       228
       ---
        456
        456
        ---
          0
```

위 풀이에서는 (☆)을 참고해 36.936 ÷ 5.7 대신에 369.36 ÷ 57을 계산했다. 이것이 소수 ÷ 정수의 풀이로 이어진다는 점에 주의해야 한다. 5.7의 7 아래와 36.936의 9 아래에 '‥‥'가 있는데 소수점 위치를 뒤로 미루는 기호다.

다음 준비를 위해 다음의 계산을 확인하자.

$$
\left.\begin{aligned}
700 \div 300 &= 2 \cdots 100 \\
70 \div 30 &= 2 \cdots 10 \\
7 \div 3 &= 2 \cdots 1 \\
0.7 \div 0.3 &= 2 \cdots 0.1 \\
0.07 \div 0.03 &= 2 \cdots 0.01 \\
0.007 \div 0.003 &= 2 \cdots 0.001
\end{aligned}\right] *
$$

이때 '···'는 '나머지'를 의미한다. (*)는 나누어지는 수와 나누는 수가 함께 10배, 100배, 1000배가 되면 몫은 똑같더라도 나머지는 각각 10배, 100배, 1000배가 된다는 것을 나타낸다.

소수끼리 나눌 때 다음 두 예시처럼 소수점을 뒤로 옮겨 소수÷정수로 계산한 후, 나머지의 소수점 위치를 원래대로 되돌려야 한다는 점에 주의해야 한다.

또한 계산한 '나머지'가 옳은지 틀린지 알 수 없을 때는 아래를 참고해 구한 '나머지'를 검토할 수 있다.

$7 \div 3 = 2 \cdots 1$

$7(\text{나누어지는 수}) - 3(\text{나누는 수}) \times 2(\text{몫}) = 1(\text{나머지})$

예 1 2.8÷7.3의 몫을 소수점 둘째 자리까지 계산하고 나머지를 구하면 몫은 0.38, 나머지는 0.026이다.

```
        0.38
7.3 ) 2.80
      2 1 9
      -----
        6 1 0
        5 8 4
      -------
      0.0 2 6
```

$(2.8-7.3\times0.38=0.026)$

예 2 $7.232\div8.81$의 몫을 소수점 둘째 자리까지 계산하고 나머지를 구하면 몫은 0.82, 나머지는 0.0078이다.

```
          0.8 2
8.81 ) 7.2 3 2
       7 0 4 8
       -------
         1 8 4 0
         1 7 6 2
       ---------
       0.0 0 7 8
```

$(7.232-8.81\times0.82=0.0078)$

지금부터는 분수에 대해 알아보자. 분수는 소수와 다르게 임의의 자연수(양수) △에 대해서 기준이 되는 1을 △등분한 것을 $\frac{1}{\triangle}$이라고 정한다. 그리고 그 2개분을 $\frac{2}{\triangle}$, 그 3개분을 $\frac{3}{\triangle}$ …… 라고 정한다. 덧붙여 다음 그림의 ☆ 부분은 $\frac{1}{7}$, ★ 부분은 $\frac{4}{7}$ 다.

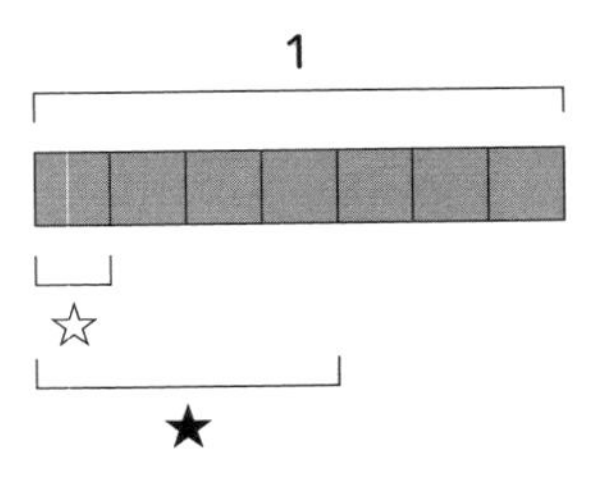

분수에 있어서는 분명히 아래 식이 성립한다.

$$\frac{1}{10}=0.1,\quad \frac{1}{100}=0.01,\quad \frac{1}{1000}=0.001\cdots\cdots$$

분수 $\frac{\square}{\triangle}$의 △를 분모라고 하며, □를 분자라고 한다. 그리고 △ > □일 때 $\frac{\square}{\triangle}$를 진분수, △ ≤ □일 때 $\frac{\square}{\triangle}$를 가분수라고 한다.

분모가 같은 분수끼리의 덧셈과 뺄셈은 쉽게 이해할 수 있다. 예를 들면, 다음과 같다.

$$\frac{3}{7}+\frac{2}{7}=\frac{3+2}{7}=\frac{5}{7},\quad \frac{3}{7}-\frac{2}{7}=\frac{3-2}{7}=\frac{1}{7}$$

이때 자연수 n과 자연수 △에 대해서 다음의 식이 성립한다.

$$\frac{1\times\triangle}{\triangle}=1,\quad \frac{2\times\triangle}{\triangle}=2,\quad \frac{3\times\triangle}{\triangle}=3\cdots\cdots,$$

$$\frac{n \times \triangle}{\triangle} = n$$

이어서 n과 분수 $\frac{\square}{\triangle}$의 합을 구하면 다음의 식이 성립한다.

$$n + \frac{\square}{\triangle} = \frac{n \times \triangle + \square}{\triangle}$$

위 식의 해를 $n\frac{\square}{\triangle}$이라고 적고 '$n$과 $\frac{\square}{\triangle}$'라고 읽는다. 일반적으로 이런 분수를 대분수라고 한다.

예

$$3\frac{3}{5} = \frac{3 \times 5 + 3}{5} = \frac{18}{5}$$

$$\frac{23}{7} = \frac{3 \times 7 + 2}{7} = 3\frac{2}{7}$$

후술하는 바와 같이 가분수는 곱셈과 나눗셈을 계산할 때 편리하다. 그렇다면 대분수는 어떤 점에 의의가 있을까.

$$\frac{557301}{397} = 1403\frac{310}{397}$$

위의 식을 봐도 알 수 있듯이 분수의 값이 대략 어떤 정수에 가까운지를 바로 확인할 수 있다는 점에서 의의가 있다.

$$n\frac{\square}{\triangle} = n \times \frac{\square}{\triangle}$$

이때 수학의 세계에서는 위처럼 해석하기도 하니 주의해야 한다. 그래서 중학수학 이후에는 대분수를 그다지 사용하지 않는다.

다음으로 분모가 서로 다른 두 분수의 덧셈과 나눗셈을 하기 위해 통분을 도입해 보자. 그 전에 임의의 자연수 n과 임의의 분수 $\frac{\square}{\triangle}$에 대해 아래의 식이 성립한다는 점에 주의한다.

$$\frac{\square}{\triangle} = \frac{\square \times n}{\triangle \times n}$$

참고로 우변을 좌변으로 만드는 일을 '약분'이라고 한다.

이 성질에 대해서는 아래처럼 가정하고, 오른쪽의 그림을 사용해 구체적으로 이해해 보자.

$$n = 3, \quad \square = 2, \quad \triangle = 5$$

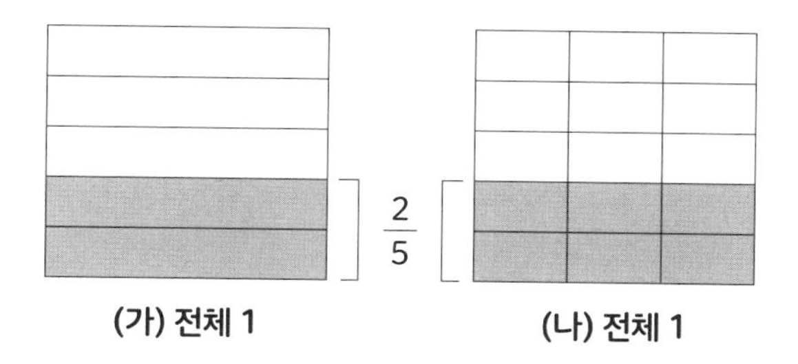

(가)는 1을 가로로 5등분한 것이고 (나)는 (가)를 세로로 3등분한 것이다. (나)에서 작은 직사각형은 1을 15등분한 $\frac{1}{15}$ 이다. 따라서 (가)와 (나)의 회색 부분을 비교하면 아래의 식을 이해할 수 있다.

$$\frac{2}{5} = \frac{6}{15} = \frac{2 \times 3}{5 \times 3}$$

이때 $\frac{6}{15}$ 을 $\frac{2}{5}$ 로 만드는 계산이 약분이다.

한편, 통분이란 분모가 다른 분수끼리의 덧셈이나 뺄셈 등을 할 때 각 분수의 분모를 똑같은 수로 바꾸는 것이다.

예

$$\frac{2}{5} + \frac{1}{3} = \frac{2 \times 3}{5 \times 3} + \frac{1 \times 5}{3 \times 5} = \frac{6}{15} + \frac{5}{15} = \frac{11}{15}$$

$$\frac{2}{15} + \frac{1}{10} = \frac{2 \times 2}{15 \times 2} + \frac{1 \times 3}{10 \times 3} = \frac{2 \times 2 + 1 \times 3}{30} = \frac{7}{30}$$

첫 번째 예에서 알 수 있듯이 자연수 a, b, c, d에 대해 일반적으로 다음의 공식이 성립한다. 또한 위에 적은 예시는 덧셈이지만 뺄셈도 같은 방식이다.

$$\frac{b}{a} + \frac{d}{c} = \frac{b \times c + d \times a}{a \times c} \quad \cdots\cdots(\text{I})$$

참고로 이것은 아래 식이 성립하기 때문이다.

$$\frac{b}{a} + \frac{d}{c} = \frac{b \times c}{a \times c} + \frac{d \times a}{a \times c}$$

두 번째 예에서 알 수 있듯이 분모의 분수를 같게 만들기 위해서는 반드시 (I)처럼 하지 않더라도 두 분모의 공배수(공통된 배수)로 분모를 통일하는 방법도 있다는 것에 주의한다(공배수에 대해서는 다음 절에서 배운다).

중요한 점은 통분이라는 작업의 의미를 까맣게 잊고 공식 (I)만 통째로 외워서 분수의 덧셈과 뺄셈을 계산하면 위험하다는 것이다.

여담이지만 2000년 전후에 아래처럼 계산하는 대학생이 있어 화제가 되었다.

$$\frac{1}{2} + \frac{1}{3} = \frac{2}{5}$$

실제로 이렇게 분모끼리, 분자끼리 각각 더해버리는 대학생은 존재한다.

하지만 그렇게 계산하는 대학생이라도 대부분 초등학생 때는 똑바로 계산했을 것이다. 다만 공식 (Ⅰ)을 통째로 외우기만 하고 공부를 끝냈을 뿐이다. 공식이 떠오르지 않자, 통분을 이해하지 못했기 때문에 위처럼 이상한 계산을 하고도 태연했던 것이다.

또 통분은 분수끼리의 크기를 비교하는 데도 사용된다. 예를 들어, $\frac{2}{5}$ 와 $\frac{1}{3}$ 을 비교할 때 두 수를 통분한 $\frac{6}{15}$ 과 $\frac{5}{15}$ 를 비교하면 편하다. 물론 분수를 소수로 바꾸어서 비교하는 방법도 있다.

다음으로 분수끼리의 곱셈과 나눗셈을 배워보자.

구체적인 예로 설명해 일반적인 공식을 이해시키는 방법도 있지만, 여기서는 일반론으로 설명한다. 내용이 어렵다면 목표하는 공식 (Ⅱ)와 (Ⅲ) 뒤에 이어지는 피자같이 생긴 그림을 이용해 이해하기 바란다.

설명에 들어가기 전에 다음의 (∗)를 계산해 두자. 단, a, b, c는 자연수다.

$$\frac{1}{a} \times \frac{c}{b} = \frac{c}{a \times b} \quad \cdots\cdots(*)$$

우선 아래의 식이 성립한다.

$$\frac{c}{a \times b} \times a = \left(\frac{1}{a \times b} \times c\right) \times a = \frac{1}{a \times b} \times (c \times a)$$

$$= \frac{1}{a \times b} \times (a \times c) = \frac{a \times c}{a \times b} = \frac{c}{b}$$

참고로 위 계산의 첫 번째 등호는 분수의 도입부에서 말했던 약속으로 성립한다.

두 번째 등호는 결합법칙이 적용되기 때문에 성립한다.

세 번째 등호는 교환법칙이 적용되기 때문에 성립한다.

네 번째 등호는 분수의 도입부에서 말한 약속으로 성립한다.

마지막 등호는 약분을 사용했기 때문에 성립한다.

그러므로 아래의 식이 나온다.

$$\frac{c}{a \times b} \times a = \frac{c}{b}$$

하지만 이 식에서 양변의 오른쪽에 $\frac{1}{a}$ 을 곱하면 다음의 식이 성립한다.

$$\left(\frac{c}{a \times b} \times a\right) \times \frac{1}{a} = \frac{c}{b} \times \frac{1}{a}$$

이때 다음처럼 계산할 수 있다.

$$\text{좌변} = \frac{c}{a \times b} \times \left(a \times \frac{1}{a}\right) = \frac{c}{a \times b}$$

$$\text{우변} = \frac{c}{b} \times \frac{1}{a} = \frac{1}{a} \times \frac{c}{b}$$

따라서 좌변과 우변을 바꾸면 아래의 식이 나온다.

$$\frac{1}{a} \times \frac{c}{b} = \frac{c}{a \times b} \quad \cdots\cdots(*)$$

다음으로 a, b, c, d를 자연수라고 할 때 다음의 식이 성립한다.

$$\frac{b}{a} \times \frac{d}{c} = \frac{b \times d}{a \times c} \quad \cdots\cdots(\text{II})$$

왜냐하면 아래처럼 되기 때문이다.

$$\frac{b}{a} \times \frac{d}{c} = \frac{b}{a} \times \left(d \times \frac{1}{c}\right) = \left(\frac{b}{a} \times d\right) \times \frac{1}{c}$$

$$= \frac{b \times d}{a} \times \frac{1}{c} = \frac{1}{c} \times \frac{b \times d}{a} = \frac{b \times d}{c \times a} = \frac{b \times d}{a \times c}$$

참고로 위 계산에서 첫 번째 등호는 분수의 도입부에 말했던 약속을 사용한다.

두 번째 등호는 결합법칙을 사용한다.

세 번째 등호는 [$\frac{1}{a}$ 을 b개 더한 덩어리]를 d개 더한 값이 [$\frac{1}{a}$ 을 $b \times d$개 더한 덩어리]가 되기 때문에 성립한다.

네 번째 등호는 교환법칙을 사용한다.

다섯 번째 등호는 (∗)을 사용한다.

마지막 등호는 교환법칙을 사용한다.

다음으로 나눗셈에 대해서는 a, b, c, d를 자연수라고 할 때 (Ⅲ)이 성립한다.

$$\frac{b}{a} \div \frac{d}{c} = \frac{b \times c}{a \times d} \quad \cdots\cdots(\text{III})$$

왜냐하면 (Ⅱ)를 사용해서 다음과 같이 되기 때문이다.

$$\frac{b \times c}{a \times d} \times \frac{d}{c} = \frac{(b \times c) \times d}{(a \times d) \times c} = \frac{b \times (c \times d)}{a \times (d \times c)}$$

$$= \frac{b \times (c \times d)}{a \times (c \times d)} = \frac{b}{a}$$

그러면 다음의 식도 성립한다.

$$\frac{b \times c}{a \times d} \times \frac{d}{c} = \frac{b}{a}$$

일반적으로 [$A \times B = C$ ($B \neq 0$)일 때, $A = C \div B$]가 성립함을 기억해 다음의 식을 도출한다.

$$\frac{b \times c}{a \times d} = \frac{b}{a} \div \frac{d}{c}$$

그리고 좌변과 우변을 맞바꾸면 (Ⅲ)이 된다.

예

$$\frac{5}{7} \times \frac{3}{5} = \frac{5 \times 3}{7 \times 5} = \frac{3 \times 5}{7 \times 5} = \frac{3}{7}$$

$$\frac{5}{7} \div \frac{3}{5} = \frac{5 \times 5}{7 \times 3} = \frac{25}{21} = 1\frac{4}{21}$$

만약 공식 (Ⅱ)와 (Ⅲ)에 대해서 일반적인 설명을 이해하지 못했더라도, 그림처럼 구체적인 설명을 통해 공식을 올바르게 떠올릴 수 있다면 아무래도 상관없다고 생각한다.

예를 들어, 피자 그림을 사용해서 생각해 보자.

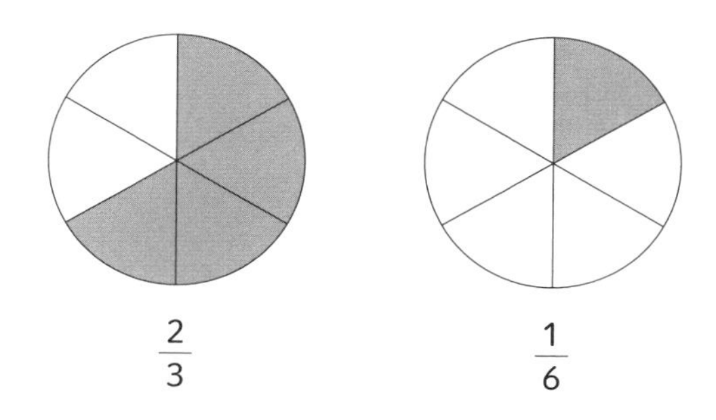

$\frac{2}{3}$ $\frac{1}{6}$

위 그림에서 원 전체를 1이라고 생각하자. 먼저 $\frac{1}{2}$ 은 0.5이고, 0.5를 곱하면 값이 반으로 나뉜다. 그러니까 $\frac{2}{3}$ 에 $\frac{1}{2}$ 을 곱하면 그 결과는 왼쪽 그림에서 $\frac{2}{6}$, 즉 $\frac{1}{3}$ 이 된다. 이에 따라 다음의 계산을 이해할 수 있다.

$$\frac{2}{3} \times \frac{1}{2} = \frac{2 \times 1}{3 \times 2} = \frac{2}{6} = \frac{1}{3}$$

다음으로 왼쪽 그림과 오른쪽 그림을 비교해서 $\frac{2}{3}$를 $\frac{1}{6}$로 나누면 그 결과는 4가 된다. 따라서 다음의 계산을 이해할 수 있다.

$$\frac{2}{3} \div \frac{1}{6} = \frac{2 \times 6}{3 \times 1} = \frac{12}{3} = 4$$

분수의 곱셈과 나눗셈 계산 방법을 확인하는 데 지금까지 설명한 방법으로도 충분하다고 생각하게 된 계기는 분수의 계산을 까맣게 잊어버린 대학생 때문이었다. 적어도 이런 방법으로 공식을 확인할 수 있으면 좋겠다고 여러 번 생각했다.

마지막으로 소수와 분수의 관계를 조금 더 배워보자. 우선 무한소수가 아닌 유한소수는 반드시 분수로 바꿀 수 있다. 예를 들면, 아래와 같다.

$$7.34 = 7 + 0.3 + 0.04 = 7 + \frac{3}{10} + \frac{4}{100}$$

$$= 7 + \frac{30}{100} + \frac{4}{100} = 7\frac{34}{100} = 7\frac{17}{50}$$

$\frac{1}{3} = 1 \div 3$과 $\frac{1}{11} = 1 \div 11$을 소수로 바꾸면 다음과 같다.

$$\frac{1}{3} = 0.33333\cdots\cdots \quad \frac{1}{11} = 0.0909090909\cdots\cdots$$

이처럼 소수점 뒤로 계속 3이 반복되거나 09가 반복되는 수가 된다. 소수점 이하의 수가 끝없이 이어지는 소수를 '무한소수'라고 하고, 7.432처럼 소수점 이하의 수가 유한하게 끝나는 소수를 '유한소수'라고 한다.

사실 유한소수가 아닌 분수는 반드시 반복되는 수가 있는 '순환소수'인 무한소수가 된다.

참고로 원주율 π와 중학교 수학에서 배우는 $\sqrt{2}$ 등은 반복되는 패턴이 없는 무한소수이며, 이런 수를 '무리수'라고 한다.

일단 유한소수가 아닌 분수는 반드시 순환소수가 된다는 점을 $\frac{1}{7}$ 을 예로 이해해 보자. $1 \div 7$을 풀어 계산하면 다음과 같다.

$$\frac{1}{7} = 0.142857\ 142857\ 142857\ 142857\ 142857\cdots\cdots$$

이처럼 '142857'이 계속 반복된다.

```
       0.1 4 2 8 5 7 1
   7 ) 1.0
       7
      ─────
       3 0                ···제1단
       2 8
       ─────
         2 0              ···제2단
         1 4
         ─────
           6 0            ···제3단
           5 6
           ─────
             4 0          ···제4단
             3 5
             ─────
               5 0        ···제5단
               4 9
               ─────
                 1 0      ···제6단
                   7
                 ───
                   3      ···제7단
```

위 식에서 제1단부터 제7단까지의 나머지를 살펴보면 나머지는 순서대로 3, 2, 6, 4, 5, 1, 3이다.

각 단을 7로 나눈 나머지는 0 이상 7 미만의 정수이기 때문에 0, 1, 2, 3, 4, 5, 6 중 하나여야 한다. 따라서 나누어떨어지지 않고 무한으로 소수가 계속되면 각 단의 나머지는 반드시 1, 2, 3, 4, 5, 6 중 하나가 되므로 그중 어느 숫자는 2회 이상 나타날 수밖에 없다.

앞선 풀이에서 제1단과 제7단의 '3'이 그 점을 나타내는 최초의 숫자이며, 제1단과 제7단에서 동일한 나머지가 나왔다면 모두 똑같이 7로 나누기 때문에 제2단의 나머지와 제8단의 나머지가 같게 되고, 제3단과 제9단의 나머지도 같게 되는 식으로 계속 이어진다.

그렇게 제7단과 제13단의 나머지가 동일하다는 부분까지 이르게 되면 이후에는 제1단부터 제6단이 한 세트로 계속 반복된다.

순환소수는 반드시 분수로 바꿀 수 있다.

$$\frac{1}{3} = 0.33333\cdots\cdots = 0.\dot{3}$$

$$\frac{1}{7} = 0.142857142857142857\cdots\cdots = 0.\dot{1}4285\dot{7}$$

그 전에 위처럼 순환소수에서 반복되는 부분 위에 점 '•'을 찍는 표기법이 있다는 점을 소개해 둔다.

예 1 $\triangle = 0.\dot{7} = 0.777\cdots\cdots$이라는 무한소수는 아래와 같다.

$$10 \times \triangle = 7.7777\cdots\cdots \quad \cdots\cdots❶$$

$$\triangle = 0.7777\cdots\cdots \quad \cdots\cdots❷$$

그러므로 ❶ - ❷를 계산하면 다음의 식이 순서대로 성립한다.

$9 \times \triangle = 7$

$\triangle = 7 \div 9 = \frac{7}{9}$

예 2 $\triangle = 0.\dot{1}\dot{9} = 0.19191919\cdots\cdots$라는 무한소수는 다음과 같다.

$100 \times \triangle = 19.19191919\cdots\cdots \quad \cdots\cdots❸$

$\triangle = 0.19191919\cdots\cdots \quad \cdots\cdots❹$

따라서 ❸ - ❹를 생각하면 아래의 식이 순서대로 성립한다.

$99 \times \triangle = 19$

$\triangle = 19 \div 99 = \frac{19}{99}$

예 3 $\triangle = 4.\dot{1}2\dot{3} = 4.123123123123\cdots\cdots$라는 무한소수는 아래와 같이 적을 수 있다.

$1000 \times \triangle = 4123.123123123123\cdots\cdots \quad \cdots\cdots❺$

$\triangle = 4.123123123123\cdots\cdots \quad \cdots\cdots❻$

그러므로 ❺ - ❻을 생각하면 다음의 식이 순서대로 성립한다.

$$999 \times \triangle = 4119$$

$$\triangle = 4119 \div 999 = \frac{4119}{999} = 4\frac{123}{999} = 4\frac{41}{333}$$

이번 절의 마지막으로 '분수와 소수의 혼합 계산'에 대해 한마디 언급하고 싶다. 머릿속에서 어떤 방식으로 계산할지를 생각해 보면 분수나 소수 둘 중 하나로 통일해야 계산할 수 있다.

물질의 최소 단위

중학교 시절 '안도감'을 얻고 싶다는 마음에서 '수학'에 관심을 쏟았던 적이 있다. 아무리 작은 물질이라도 적당한 배율로 확대하면 손바닥 크기가 되리라고 생각했다. 이미지로 표현하자면 0.000123을 1000000배하면 123이 되고, 0.000000123을 1000000000배하면 123이 되는 것처럼 말이다. 그리고 손바닥 안에 있는 물질의 아주 작은 일부분조차도 적당한 배율로 확대하면 손바닥 크기가 될 것이다.

이 상상은 끝없이 반복할 수 있었기에 물질의 최소 단위에 대해 생각하기 시작하면 불안해서 밤에도 잠들지 못할 정도였다. 그 무렵에 배운 것이 다음의 수학 공리다.

〈**아르키메데스의 공리**: 임의의 양수 a, b에 대해 $n \times a > b$를 만족하는 자연수 n이 존재한다.〉

지금은 소립자에 관한 연구가 중요하다는 것을 문외한이면서도 알지만 이 공리로 물질의 최소 단위에 관한 불안이 사라져 수학으로 도망쳤다.

복습 문제

(1)은 소수로 통일해서, (2)는 분수로 통일해서 각각 계산하라.

(1) $2.38 - 3.2 \div 4 \times \frac{1}{5} + \frac{71}{100}$

(2) $\frac{5}{11} \times 3.3 \div \frac{9}{2} \times 1.3 + \frac{8}{3} \div 1.6 - \frac{3}{5}$

나눗셈 $8.8 \div 2.9$의 몫을 소수점 둘째 자리까지 계산하고 나머지도 구해라.

다음의 무한소수 △를 분수로 바꾸어라.

$\triangle = 0.036036036036\cdots\cdots$

문제 1 해답

(1) 문제의 식 $= 2.38 - 0.8 \times 0.2 + 0.71$

$= 2.38 - 0.16 + 0.71$

$= 2.22 + 0.71 = 2.93$

(2) 문제의 식 $= \dfrac{5}{11} \times \dfrac{33}{10} \times \dfrac{2}{9} \times \dfrac{13}{10} + \dfrac{8}{3} \times \dfrac{10}{16} - \dfrac{3}{5}$

$= \dfrac{5 \times 33 \times 2 \times 13}{11 \times 10 \times 9 \times 10} + \dfrac{5}{3} - \dfrac{3}{5}$

$= \dfrac{13}{30} + \dfrac{25 - 9}{15}$

$= \dfrac{13 + 32}{30} = \dfrac{45}{30} = \dfrac{3}{2}$

아래 그림처럼 풀이하면 몫은 3.03, 나머지는 0.013이다.

```
         3.03
 2.9 ) 8.8
       8 7
       ------
         1 0 0
           8 7
       ------
       0.0 1 3
```

$$1000 \times \triangle = 36.036036036\cdots\cdots \qquad \cdots\cdots❶$$

$$\triangle = 0.036036036036\cdots\cdots \qquad \cdots\cdots❷$$

따라서 ❶ - ❷를 계산하면 아래의 식이 순서대로 성립한다.

$$999 \times \triangle = 36$$

$$\triangle = \frac{36}{999} = \frac{4}{111}$$

4 배수와 약수와 소수

최대공약수와 최소공배수 구하는 법

정수 △와 0이 아닌 정수 □에 대해 일반적으로 아래의 식을 만족하는 정수 ○가 있을 때 △는 □의 배수, □는 △의 약수라고 한다.

△ = □ × ○

특히 2의 배수를 짝수라고 한다. 덧붙여서 다음 식이 성립하기 때문에 0도 짝수다.

$$0 = 2 \times 0$$

그리고 짝수가 아닌 정수를 홀수라고 한다.

먼저 배수에 관계된 기호의 예와 재밌는 에피소드를 소개한다.

예제

13자리 바코드

두꺼운 선과 얇은 선이 나열된 바코드 밑에는 13자리 숫자가 적혀 있다. 이것에 대해 알아보자.

13자리 수의 예

$$a_1\ a_2\ a_3\ a_4\ a_5\ a_6\ a_7\ a_8\ a_9\ a_{10}\ a_{11}\ a_{12}\ a_{13}$$

이때 a_{13}는 아래 식의 값이 10의 배수가 되도록 설정되어 있다(각 a_i는 0에서 9까지의 정수).

$$3 \times (a_2 + a_4 + a_6 + a_8 + a_{10} + a_{12})$$
$$+ (a_1 + a_3 + a_5 + a_7 + a_9 + a_{11} + a_{13}) \quad \cdots\cdots(*)$$

실제 예시로 확인해 보자.

4988009440392

위 숫자로 계산해 보면 아래와 같다.

$$3 \times (9 + 8 + 0 + 4 + 0 + 9)$$
$$+ (4 + 8 + 0 + 9 + 4 + 3 + 2) = 3 \times 30 + 30 = 120$$

만약 13자리 바코드에 있는 a_1, a_2, ⋯⋯ , a_{13} 중에서 하나의 a_i $(1 \leq i \leq 13)$만을 잘못 읽어서 b라고 인식했다고 가정하자($a_i \neq b$).

이때 a_i를 b로 바꾸어서 계산한 (∗)의 결과는 10의 배수가 되지 않는다는 점을 알 수 있다. 그렇기 때문에 13자리 바코드는 설령 문자 1개를 다르게 인식하더라도 오류를 확인할 수 있게 설계된 것이다.

예제

배수 에피소드

어느 날 엄마는 초등학생인 오빠와 여동생에게 "오늘 집에서 파티할 거야. 5000원 한 장 줄 테니까, 270원짜리 도시락 7개랑 60원짜리 과자랑 90원짜리 쑥떡을 적당히 섞어서 사다 주렴" 하고 심부름을 시켰다.

가게에 도착하자 오빠는 여동생에게 "잔돈을 조금만 빼서 둘이 100원씩 나누어 가지자. 근처 편의점에서 1개에 100원짜리 아이스크림 하나씩 사 먹는 거 어때? 어차피 엄마는 계산을 잘 못하고 바쁘니까 들키지 않을 거야" 하고 말했다. 여동생은 "오빠, 좀 나쁜 생각이긴 한데 그래도 같이 사이좋게 아이스크림을 1개씩 먹고 싶어" 하고 답했다.

결국 두 사람은 270원짜리 도시락 7개와 60원짜리 과자, 90원짜리 쑥떡을 각각 18개씩 사서 안이 보이지 않도록 봉지에 넣었다.

총액은 아래와 같다.

$$270 \times 7 + 60 \times 18 + 90 \times 18 = 4590 \text{ (원)}$$

두 사람은 잔돈 410원에서 200원을 슬쩍 빼서 편의점에서 100원짜리 아이스크림을 1개씩 사 먹고 집으로 돌아갔다.

두 사람은 집에 돌아오자마자 "엄마, 과자랑 쑥떡이랑 도시락은 봉지 안에 들어 있어요. 여기, 잔돈 210원이에요"라고 말한 뒤 엄마에게 210원을 건넸다. 그러자 엄마는 봉지 안을 보지도 않고는 갑자기 "잠깐, 너희 엄마한테 거짓말하는 거지?" 하고 혼냈다.

어떻게 엄마는 거짓말을 바로 알아차릴 수 있었을까?

먼저 도시락과 과자와 쑥떡의 가격은 모두 30의 배수다. 그래서 총액도 30의 배수가 된다. 또한 남매가 엄마에게 건넨 잔돈 210원도 30의 배수다.

따라서 값을 모두 더한 총액도 30의 배수가 되는데, 5000원은 30의 배수가 아니므로 모순이 생긴다.

그리해 엄마는 남매의 거짓말을 알아차린 것이다.

지금부터는 소수에 대해 알아보자.

6은 1, 2, 3, 6으로 나누어떨어지는데, 7을 나누어 떨어뜨리는 자연수(양수)는 1과 7밖에 없다.

7처럼 1과 그 자신으로만 나누어떨어지는 2 이상의 자연수를 소수라고 한다. 단, 1은 소수에 포함되지 않는다.

소수를 작은 수부터 나열하면 다음과 같다.

2, 3, 5, 7, 11, 13, 17, 19, 23……

그리고 소수가 아닌 2 이상의 자연수를 합성수라고 한다. 합성수를 작은 수부터 나열하면 다음과 같다.

4, 6, 8, 9, 10, 12, 14, 15, 16……

정수 m에 대해서, m의 약수인 소수 p를 m의 소인수라고 한다. 3은 12의 소인수, 5는 30의 소인수다.

이런 소수 목록을 작성하려고 할 때, 지금 소개할 에라토스테네스[1]의 체가 쉽고 효과적이다.

이 방법으로 100 미만의 소수 표를 만들어보자. 컴퓨터를 사용하면 이 방법으로 제법 큰 소수 표도 만들 수 있다.

우선 2 이상 100 미만의 정수 m이 소수가 아니라고 가정한다. m의 소인수 중에서 가장 작은 수를 p라고 하면, m은 $p \times p$ 이상이 된다.

이때 p가 10보다 크다면 m과 $p \times p$는 100보다 커지기 때문에 모순이 생긴다.

그러므로 p는 10 미만의 소수이며 2, 3, 5, 7 중 하나다.

---

1 기원전 275-기원전 194, 고대 그리스의 수학자.

즉, 2 이상 100 미만의 정수 중 소수가 아닌 수는 2, 3, 5, 7 중 하나를 소인수로 가진다. 따라서 2, 3, 5, 7 중 어느 하나로도 나누어떨어지지 않는 2 이상 100 미만의 정수는 반드시 소수가 된다.

위 사항으로 다음 내용을 알 수 있다.

아래처럼 2 이상 100 미만의 정수 표를 적고 2 외의 2의 배수 전부를 선으로 지운다. 계속해서 3 외의 3의 배수 전부, 5 외의 5의 배수 전부, 7 외의 7의 배수 전부를 선으로 지운다.

	2	3	~~4~~	5	~~6~~	7	~~8~~	~~9~~	~~10~~
11	~~12~~	13	~~14~~	~~15~~	~~16~~	17	~~18~~	19	~~20~~
~~21~~	~~22~~	23	~~24~~	~~25~~	~~26~~	~~27~~	~~28~~	29	~~30~~
31	~~32~~	~~33~~	~~34~~	~~35~~	~~36~~	37	~~38~~	~~39~~	~~40~~
41	~~42~~	43	~~44~~	~~45~~	~~46~~	47	~~48~~	~~49~~	~~50~~
~~51~~	~~52~~	53	~~54~~	~~55~~	~~56~~	~~57~~	~~58~~	59	~~60~~
61	~~62~~	~~63~~	~~64~~	~~65~~	~~66~~	67	~~68~~	~~69~~	~~70~~
71	~~72~~	73	~~74~~	~~75~~	~~76~~	~~77~~	~~78~~	79	~~80~~
~~81~~	~~82~~	83	~~84~~	~~85~~	~~86~~	~~87~~	~~88~~	89	~~90~~
~~91~~	~~92~~	~~93~~	~~94~~	~~95~~	~~96~~	97	~~98~~	~~99~~	

그러면 선을 긋지 않고 남은 정수는 다음과 같다.

2, 3, 5, 7, 11, 13, 17, 19, 23,

29, 31, 37, 41, 43, 47, 53, 59,

61, 67, 71, 73, 79, 83, 89, 97

위의 숫자가 100 미만인 소수 전부다.

한편 기원전 300년 무렵의 그리스 수학자 유클리드는 소수의 개수가 무한하다는 점을 증명했다. 그 증명법은 '소수의 개수는 유한하다'라고 가정한 뒤 모순을 이끌어내는 귀류법에 따른 것이다.

이후에도 소수의 개수가 무한하다는 점을 증명하는 방법이 여러 가지 발견되었지만 모두 복잡했다.

그런데 2006년에 필리프 사이닥이라는 수학자가 매우 이해하기 쉬운 증명법을 발표했다. 다음에서 그 증명법을 알아보자.

우선 자연수 a와 b의 공약수란 a와 b의 공통된 약수다. a와 b의 공약수인 자연수가 1밖에 없을 때 a와 b는 서로소라고 표현한다. 예를 들어, 12와 18의 공약수인 자연수는 1, 2, 3, 6이고, 12와 35는 서로소다.

사이닥의 증명

먼저 2 이상인 임의의 자연수 m에 대해 m과 $m+1$은 서로소, 즉 m과 $m+1$은 1 외의 공약수는 없음을 나타낸다.

왜냐하면 만약 m과 $m+1$이 2 이상의 공약수 a를 가진다면 아래 식을 성립하는 자연수 b와 c가 있기 때문이다$(b<c)$.

$$m = a \times b, \quad m+1 = a \times c$$

이 경우 다음의 식이 나온다.

$$(m+1) - m = a \times c - a \times b = a \times (c - b)$$

$$1 = a \times (c - b) \geq a$$

a는 2 이상이기 때문에 이것은 모순이다. 이때 n을 2 이상의 자연수라고 하면, n은 소인수 p_1을 가진다. 다음으로 아래는 서로소다.

n과 $n+1$

$n+1$의 소인수 p_2를 생각하면 p_2는 n의 소인수 p_1과는 다르다.

아래도 서로소다.

$$n \times (n+1)\text{과 } n \times (n+1)+1$$

$n \times (n+1)+1$의 소인수 p_3는 $n \times (n+1)$의 소인수 p_1, p_2와도 다르다. 또한, 다음으로 아래도 서로소다.

$$\{n \times (n+1)\} \times \{n \times (n+1)+1\}\text{과}$$

$$\{n \times (n+1)\} \times \{n \times (n+1)+1\}+1$$

따라서 $\{n\times(n+1)\}\times\{n\times(n+1)+1\}+1$의 소인수 p_4는 $\{n\times(n+1)\}\times\{n\times(n+1)+1\}$의 소인수 p_1, p_2, p_3와는 다르다.

같은 내용을 반복하면 소수의 개수가 무한하다는 점을 알 수 있다.

덧붙여, 소수에 관해서는 누구나 떠올릴 수 있는 미해결 난제가 여러 개 있는데, 그중 2개를 소개한다.

쌍둥이 소수 추측

p와 $p+2$ 모두 소수로 이루어진 쌍을 쌍둥이 소수라고 한다. 예를 들어, 3과 5, 5

와 7, 11과 13, 17과 19, 29와 31, …… 등은 쌍둥이 소수다. 이 추측은 '쌍둥이 소수의 개수는 무한할 것이다'라고 예상하는 가설이다.

골드바흐의 추측

'4 이상의 모든 짝수는 두 소수의 합으로 표현할 수 있을 것이다'라는 추측이다. 예를 들어, 아래와 같다.

$4=2+2 \quad 6=3+3 \quad 8=3+5 \quad 10=3+7=5+5$

$12=5+7 \quad 14=3+11=7+7 \quad \cdots\cdots$

계산기의 발달과 함께 골드바흐의 추측이 400경의 짝수까지는 옳다는 것이 증명되었다(경은 조의 1만 배).

$15=3\times5$

$20=2\times2\times5$

$60=2\times2\times3\times5$

다시 돌아와서, 위의 3가지 식을 보면 모두 여러 소수의 곱으로 표현된다. 즉, 각각 소인수의 곱으로 표현되며, 차례로 15의 소인수분해, 20의 소인수분해, 60의 소인수분해라고 한다(소인수의 순서는 상관없다).

모든 자연수에 대해 소인수분해는 하나의 방법으로만 나타낼 수 있음이 알려져 있으며(저서 『상위 1%를 위한 SKY 수학(상)』 참고), 그 성질이 현대의 암호 이론을 지탱하고 있다.

다음으로 배울 최대공약수와 최소공배수는 이런 소인수분해의 유일성을 바탕으로 한다.

자연수 a와 b의 공약수 중 가장 큰 수를 a와 b의 최대공약수라고 한다.

예를 들어, 180과 105의 최대공약수를 구해보자.

먼저 두 수는 아래와 같이 소인수분해할 수 있다.

$$180 = 2 \times 2 \times 3 \times 3 \times 5$$

$$105 = 3 \times 5 \times 7$$

소인수분해의 유일성에 근거해, 180의 약수 d가 있다고 가정하면 d를 소인수분해했을 때 다음의 형태로 표현된다. 단, 2도, 3도, 5도 0개인 경우에는 $d = 1$이 된다.

[2가 0개 혹은 1개 혹은 2개인 곱]×[3이 0개 혹은 1개 혹은 2개인 곱]×[5가 0개 혹은 1개인 곱]

똑같은 방식으로 105의 약수 e가 있다고 가정하면, e를 소인수분해했을 때 다음

형태로 표현된다. 단 3도, 5도, 7도 0개인 경우 $e = 1$이 된다.

[3이 0개 혹은 1개인 곱]×[5가 0개 혹은 1개인 곱]×[7이 0개 혹은 1개인 곱]

따라서 아래와 같은 결과가 나온다.

180과 105의 최대공약수 $= 3 \times 5 = 15$

140과 260의 최대공약수를 구해보자.

$140 = 2 \times 2 \times 5 \times 7$

$260 = 2 \times 2 \times 5 \times 13$

이에 따라 아래처럼 계산할 수 있다.

140과 260의 최대공약수 $= 2 \times 2 \times 5 = 20$

다음으로 자연수 a와 b의 공배수란 a와 b 모두의 배수를 말한다. a와 b의 공배수 중 가장 작은 수를 a와 b의 최소공배수라고 한다.

예를 들어, 180과 105의 최소공배수를 구해보자.

먼저 아래처럼 소인수분해가 가능하다.

$$180 = 2 \times 2 \times 3 \times 3 \times 5$$

$$105 = 3 \times 5 \times 7$$

소인수분해의 유일성에 근거해, 180의 배수 m이 있다고 가정하면 m을 소인수분해했을 때, 2가 2개 이상, 3이 2개 이상, 5가 1개 이상이 포함되어야 한다.

똑같은 방식으로 105의 배수 n이 있다고 가정하면 n을 소인수분해했을 때, 3도 1개 이상, 5도 1개 이상, 7도 1개 이상이 포함되어야 한다.

따라서 아래처럼 계산할 수 있다.

$$180\text{과 } 105\text{의 최소공배수} = 2 \times 2 \times 3 \times 3 \times 5 \times 7 = 1260$$

(예) 140과 260의 최소공배수를 구해보자.

$$140 = 2 \times 2 \times 5 \times 7$$

$$260 = 2 \times 2 \times 5 \times 13$$

이에 따라 다음처럼 계산할 수 있다.

$$140\text{과 } 260\text{의 최소공배수} = 2 \times 2 \times 5 \times 7 \times 13 = 1820$$

이번 절 마지막에는 분수의 덧셈과 뺄셈 과정에서 통분을 할 때 최소공배수의 개념을 활용하는 방법을 구체적인 예시로 소개한다.

$$\frac{3}{10} + \frac{2}{15} = \frac{3 \times 15}{10 \times 15} + \frac{2 \times 10}{15 \times 10} = \frac{45 + 20}{150}$$

$$= \frac{65}{150} = \frac{13}{30}$$

위 식이 성립한다.

$$10 = 2 \times 5, \quad 15 = 3 \times 5$$

따라서 다음과 같이 계산할 수 있다.

$$10\text{과 } 15\text{의 최소공배수} = 2 \times 3 \times 5 = 30$$

이를 근거로 아래처럼 조금 쉽게 계산할 수 있다.

$$\frac{3}{10} + \frac{2}{15} = \frac{3 \times 3}{10 \times 3} + \frac{2 \times 2}{15 \times 2} = \frac{9 + 4}{30} = \frac{13}{30}$$

물론 최소공배수의 개념을 반드시 이용해야 한다고 하면 지나치지만, 그 개념을 이용하면 조금 쉽게 계산할 수 있다는 점은 확실하다.

예 $\frac{17}{30} - \frac{2}{63}$ 를 구해라.

$$30 = 2 \times 3 \times 5, \quad 63 = 3 \times 3 \times 7$$

위와 같으므로 아래와 같이 구할 수 있다.

$$30\text{과 } 63\text{의 최소공배수} = 2 \times 3 \times 3 \times 5 \times 7 = 630$$

따라서 다음 식을 얻을 수 있다.

$$\frac{17}{30} - \frac{2}{63} = \frac{17 \times 21}{30 \times 21} - \frac{2 \times 10}{63 \times 10} = \frac{357 - 20}{630} = \frac{337}{630}$$

칵테일파티 효과의 역을 이용한 학습

칵테일파티처럼 시끄러운 장소에 있더라도 자신의 이름이나 관심 있는 이야기는 자연스럽게 귀에 들어온다. 이런 흥미로운 현상을 심리학에서는 '칵테일파티 효과'라고 한다. 대학교에서 근무하던 시절, 교내에 있는 카페테리아에서 커피를 마시면서 수학 문제를 종종 연구했는데 별로 일이 진전되었던 기억은 없다. 주변에서 수학 용어가 들려오면 자연스럽게 그 대화에 귀를 기울이게 되었기 때문이다. 중학교 시절부터 장거리 완행열차 안에서 느긋하게 수학책을 읽는 것을 좋아했는데, 열차 내에서는 수학 용어가 들리지 않을 뿐만 아니라 레일과 레일의 연결 부분에서 들리는 철커덩하는 소리에는 졸음을 쫓는 긍정적인 효과도 있었다. 이와 같은 효과를 '역 칵테일파티 효과'라고 직접 이름 지었다. 어머니의 병간호 때문에 심야영업 중인 카페에서 수학 문제를 연구한 적이 있는데, 의미심장한 남녀의 대화는 들려도 수학 이야기는 들리지 않으니 역 칵테일파티 효과가 있어서 흥미로웠다.

복습 문제

1386과 450의 최대공약수와 최소공배수를 구해라.

어떤 사람이 아래 숫자를 13자리 바코드라고 말했다. 78페이지의 예제를 참고해 아래 바코드가 틀렸다는 것을 증명하라.

9784065305397

$$1386 = 2 \times 3 \times 3 \times 7 \times 11$$

$$450 = 2 \times 3 \times 3 \times 5 \times 5$$

위처럼 소인수분해할 수 있으므로 아래와 같이 구할 수 있다.

최대공약수 $= 2 \times 3 \times 3 = 18$

최소공배수 $= 2 \times 3 \times 3 \times 5 \times 5 \times 7 \times 11 = 34650$

$$a_1 \ a_2 \ a_3 \ a_4 \ a_5 \ a_6 \ a_7 \ a_8 \ a_9 \ a_{10} \ a_{11} \ a_{12} \ a_{13}$$

위와 같은 13자리 수가 바코드라면 아래의 값이 10의 배수가 된다.

$$3 \times (a_2 + a_4 + a_6 + a_8 + a_{10} + a_{12})$$
$$+ (a_1 + a_3 + a_5 + a_7 + a_9 + a_{11} + a_{13})$$

그런데 문제에 있는 13자리 수를 대입하면 다음과 같으므로 이것은 틀렸다.

$$3 \times (7+4+6+3+5+9)+(9+8+0+5+0+3+7)$$

$$=3 \times 34+32=134$$

양과 비와 비율

1 기준량과 비교하는 양

소금물의 농도, 그 함정

초등수학에서 '기준량'과 '비교하는 양'이 가장 이해하기 어려운 내용인 듯하다. 어중간하게 이해하고 있으면 큰 실수를 하게 된다.

몇 년 전부터 일부 일본 사람들 사이에서 '교·준·율'이라는 이상한 공식이 유행했다. '%'에 대해 잘 모르더라도 암기한 공식만 정확하게 떠올릴 수 있다면 당장은 문제를 해결할 수 있을지도 모른다. 하지만 의미를 이해하지 못한 채로 대학생이 되는 사람이 적지 않다.

'교'는 비교하는 양, '준'은 기준량, '율'은 비율을 뜻하며, 다음 도식을 활용한다.

준 × 율 = 교

하단의 2개를 순서대로 곱하면 상단의 '교'가 된다고 암기한다. 그 뒤에 이 관계식을 잊어버리면 말도 안 되는 실수를 저지른다.

지금부터 '기준량'과 '비교하는 양'과 '%'에 대해 기초부터 이해해 보자.

'기준량'은 우선 기준이 되는 양이고, '비교하는 양'은 기준량과 비교하는 양이다. 이때 중요한 점은 '기준량'의 양과 '비교하는 양'의 양은 같은 종류이며, 한쪽이 다른 쪽의 몇 배라는 관계만을 의미한다는 것이다.

즉, 둘 다 거리, 금액, 무게 등등 같은 종류라는 뜻이다. 이 언뜻 당연한 언급을 별로 보지 못해서 여기서 확실하게 말해 둔다.

현재 엄마의 키는 150cm이고 아들의 키는 120cm라고 한다. 엄마의 키를 기준량, 아들의 키를 비교하는 양이라고 하면 비교하는 양은 기준량의 $\frac{4}{5}$ 배다.

반대로 아들의 키를 기준량, 엄마의 키를 비교하는 양이라고 하면 비교하는 양은 기준량의 $\frac{5}{4}$ 배가 된다.

다음으로 '~를 1이라고 한다'라는 표현을 배워 보자. '2000원을 1이라고 한다'는 표현의 의미를 아래 그림으로 알아보자. 이 1은 같은 1이라도 조금 커다란 1이라고 생각해 본다.

1

200원	200원	200원	200원	200원	200원	200원	200원	200원	200원

1의 $\frac{1}{10}$ 은 **0.1**이고, **1**의 $\frac{1}{100}$ 은 **0.01**이다. 2000원을 **1**이라고 하면 그림에 따라 **0.1**은 200원이고, **0.01**은 20원이다. 글자를 크게 쓰는 것은 이번뿐이다.

지금부터 '%'를 도입해 보자. '기준량'과 '비교하는 양'의 대상이 될 수 있는 무언가의 양을 가정하고, 기준량을 △라 하자.

△를 1이라 했을 때 0.01에 해당하는 양(비교하는 양)을 △의 1%라고 한다.

예를 들어, △를 2000m라고 하면 2000m를 1로 했을 때의 0.01에 해당하는 양은 20m이기 때문에 2000m의 1%는 20m다. 이때 다음을 알 수 있다.

20m = 2000m의 1%

200m = 2000m의 10%

4000m = 2000m의 200%

위 3가지 식에서 모든 좌변은 2000m를 기준량으로 가정했을 때의 비교하는 양이다.

일반적으로 ~%라는 표현을 '백분율'이라고 한다. 또 일본식 표현인 할푼리로는 10%를 1할, 1%를 1푼, 0.1%를 1리, 0.01%를 모라고 한다. 그래서 34.56%는 3할 4푼 5리 6모다.

그런데 17~19세기 일본의 수학 교과서 『진겁기』에도 적혀 있지만 그 시기에는 '할'이라는 개념 없이 10%는 1푼, 1%는 1리와 같아서 지금과는 한 단위씩 차이가 있었다. 그 후 19세기 후반에서 20세기 초반에 걸쳐 '할'이 끼어든 것이다.

종종 일본에서는 "이길 확률이 오푼 오푼이다", "이 이야기는 구푼 구리 성공한다"

라는 표현을 들을 수 있는데, 여기서 '푼'과 '리'는 당연히 현대의 '할'과 '푼'을 의미한다.

기준량에 대한 비교하는 양의 '비율'이란, 비교하는 양을 '백분율'이나 '할푼리'로 표현한 것이다. 또는 기준량을 1이라고 할 때의 비율을 나타낸 것으로 사용하기도 한다.

예를 들어, '2000원에 대한 460원의 비율은 0.23(23%, 2할 3푼)'이다.

이때 그 표현에 집중하면 아래와 같이 쓸 수 있다.

$$2000(\text{원}) \times 0.23 = 460(\text{원})$$

$$0.23 = 460(\text{원}) \div 2000(\text{원})$$

이를 일반화해 표현하면 아래의 식이 나온다.

기준량×(기준량에 대한 비교하는 양의)비율 = 비교하는 양

(기준량에 대한 비교하는 양의)비율 = 비교하는 양÷기준량

2012년도 일본 전국 학력테스트(전국 학력 · 학습상황조사)에서 다음 문제가 출제되었다. 참고로 살펴보자.

초등수학 A3 (1) (초등학교 6학년)

검은 테이프와 흰 테이프의 길이에 대해 아래 내용을 알고 있다는 전제를 두고 밑의 보기에서 알맞은 답을 선택하는 문제다.

'검은 테이프의 길이는 120cm다.'

'검은 테이프의 길이는 흰 테이프 길이의 0.6배다.'

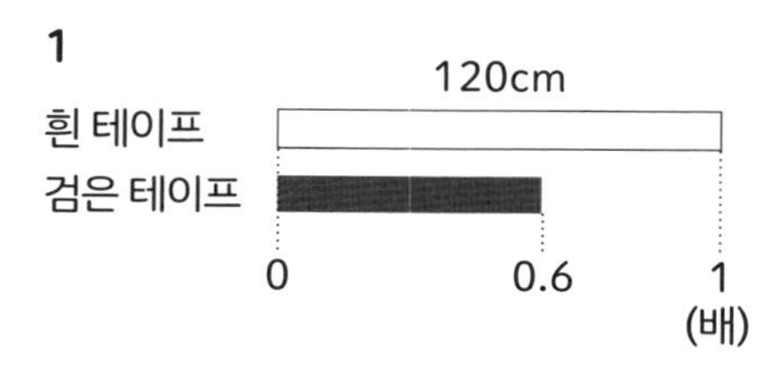

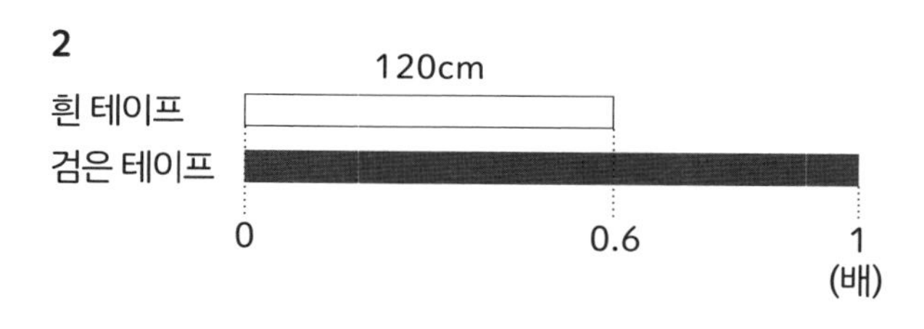

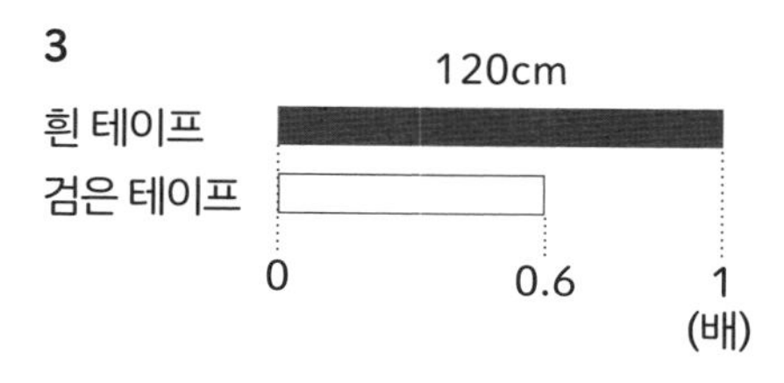

4

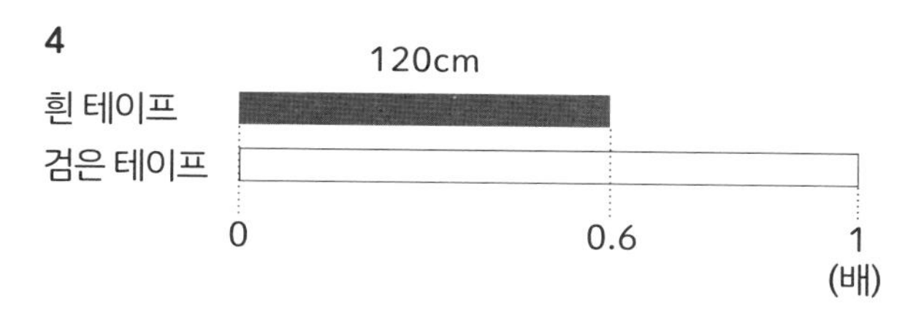

3번이라고 답한 학생이 50.9%나 있었으나, 정답인 4번을 답으로 고른 학생은 34.3%밖에 없었다. 초등학생이 기준량과 비교하는 양의 표현을 어려워한다는 점을 보여주는 결과 중 하나다.

기준량과 비교하는 양은, 그 의미를 이해하지 못한 채 '교·준·율' 같은 '공식'을 외우기만 해서는 완벽하게 습득하기 어렵다.

예를 들어, 아래의 4가지 (1), (2), (3), (4)의 표현은 '…'를 기준량, '~'을 비교하는 양이라고 할 때 모두 같은 의미를 나타낸다.

(1) ~의 …에 대한 비율은 ○%

(2) …에 대한 ~의 비율은 ○%

(3) …의 ○%는 ~

(4) ~은 …의 ○%

그런데 '공식'만으로 학습하면 위의 4가지 표현 때문에 자주 헷갈린다. 대학생이라도 그런 경향이 있다. 실제로 "2억 원은 50억 원의 몇 %인가?"라는 질문을 하면 "25%"라고 답하는 대학생이 꽤 있다(정답은 4%).

다음으로 '농도'에 대해 생각해 보자. 대표적인 문제로는 소금물의 농도에 관한 문제가 있다. 그런데 이 문제를 다음과 같이 잘못 이해하는 사람이 적지 않다.

정답 $\text{소금물의 농도} = \dfrac{\text{소금}}{\text{소금} + \text{물}} \times 100(\%)$

오답 $\text{소금물의 농도} = \dfrac{\text{소금}}{\text{물}} \times 100(\%)$

어째서 이런 오해가 생기는 것일까. 그것은 의미를 제대로 이해하지 못하고 옳은 식을 외우는 것만으로 공부를 끝내기 때문이다. 암기한 공식을 정확하게 기억하는 동안에는 괜찮겠지만 암기한 공식을 한번 잊어버리면 뒤죽박죽이 되어 버린다.
예를 들어, "물 100g에 소금 10g을 녹이면 몇 %의 소금물이 될까요?"라는 질문을 받으면 아래 2가지를 먼저 생각해 본다.

$10 \div (10 + 100) = 0.090909\cdots\cdots$

$10 \div 100 = 0.1$

그리고 '깔끔하게 나뉜 0.1이 분명 정답이겠지' 생각하고는 "답은 10%입니다"로 답해 틀린다.

그렇다면 올바른 식을 떠올릴 수 있는 힌트는 없을까? 바로 아래처럼 관련된 이야기를 생각해 보는 것이다.

'아키타현의 여성 비율이 ~%라고 할 때, 분자는 여성의 인구수다. 만약 분모가 여성의 인구수라면 답은 100%가 된다. 만약 분모가 남성의 인구수라면 아키타현의 여성 인구수는 남성의 인구수보다 많으므로 답이 100%를 넘어 버린다. 그렇기 때문에 분모는 남성과 여성의 인구수 총합일 것이다.

소금물의 농도에 적용하면 비교하는 양인 분자는 소금이고, 기준량인 분모는 소금 + 물이다.'

2012년도의 일본 전국 학력테스트에 추가된 중학교 과학 분야(중학교 3학년 대상)에서 농도가 10%인 소금물을 1000g 만들기 위해 필요한 소금과 물의 질량을 각각 구하라는 문제가 출제되었다.

이에 대해 '소금 100g', '물 900g'이라고 올바르게 답한 학생은 52.0%밖에 되지 않았다.

사실 1983년도에 똑같이 중학교 3학년을 대상으로 한 전국 규모의 학력 시험에서 소금물을 1000g이 아니라 100g으로 한 거의 동일한 문제가 출제되었다. 이때 정답률은 69.8%였다.

거의 똑같은 문제로 시행한 두 대규모 조사 결과에서 정답률이 약 5할과 약 7할이라는 차이가 난 것은 큰 사건이다.

기준량과 비교하는 양에는 소금물의 농도만이 아니라 다양한 예가 있는데 아래에서 폭넓게 소개한다.

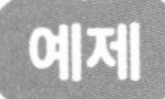

타율과 출루율

어린 시절부터 프로 야구를 꾸준히 봐온 사람으로서 말하고 싶은 것이 있다.

타율 = 안타 수 ÷ 타수

이 식은 잘 알려져 있고, 강타자를 나타내는 지표로 자주 활용된다.

출루율 = (안타 수 + 볼넷 + 몸에 맞는 볼)
÷ (타수 + 볼넷 + 몸에 맞는 볼 + 희생 플라이)

한편 이 식은 별로 주목받지 못했다.

하지만 통산 출루율이 0.446[1]인 오 사다하루나 0.442인 오치아이 히로미쓰의 이

1 0.300 후반부터 출루율이 높다고 말하며, 0.400부터는 프로야구 리그에서 최상위권에 속한다.

름을 내세울 필요 없이 출루율도 타율과 동등하게 주목했으면 한다.

예제

초등수학에서의 원가, 정가, 판매가

원가는 상품을 매입했을 때의 가격이고, 정가는 원가에 이익을 계산해 더한 가격이다. 판매가는 실제로 상품을 팔 때의 가격이다.

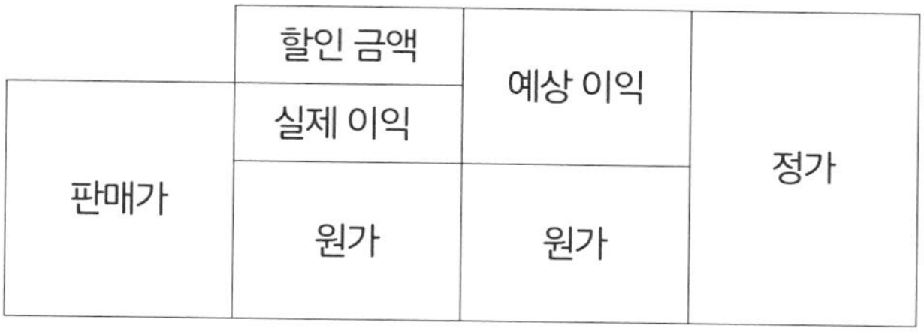

<table>
<tr><td></td><td>할인 금액</td><td rowspan="2">예상 이익</td><td rowspan="3">정가</td></tr>
<tr><td rowspan="2">판매가</td><td>실제 이익</td></tr>
<tr><td>원가</td><td>원가</td></tr>
</table>

판매가에서 원가를 뺀 가격을 '실제 이익', 혹은 간단히 '이익'이라고 한다. 또 다음과 같이 정한다.

이익률 = 원가에 대한 이익의 비율

할인율 = 정가에 대한 할인 금액의 비율

판매가가 원가보다 낮은 경우 원가에서 판매가를 뺀 금액을 '손실액'이라고 한다.

앞서 이야기했듯이 '원가, 정가, 판매가'에 관한 문제에서는 이익률과 할인율의 기준량이 다르다는 점에 주의하기 바란다.

구체적인 예를 살펴보자. 어느 상품의 원가에 20%의 이익을 예상하고 정가를 정했는데 팔리지 않아서 정가의 10%를 할인해 팔았다. 이 경우의 이익률을 구해 보자.

원가를 △(원)이라고 하면 아래와 같이 계산된다.

$$\text{정가} = \triangle + \triangle \times 0.2 = \triangle \times (1 + 0.2) = \triangle \times 1.2$$

$$\text{판매가} = \text{정가} - \text{정가} \times 0.1 = \text{정가} \times (1 - 0.1)$$

$$= \text{정가} \times 0.9$$

위에 따라 판매가는 다음과 같다.

$$\text{판매가} = \triangle \times 1.2 \times 0.9 = \triangle \times 1.08$$

그러므로 이익률은 8%다.

예제

합계출산율

현대 사회에서 저출생 문제가 큰 문제로 부각되었다. 나는 2002년에 출간한 어린이용 그림책 『신기한 숫자 이야기』에서 많은 일러스트를 사용해 다음처럼 이야기했고, 심각한 문제임을 주장했다.

"현재 일본에서는 청년이 계속 줄어들고 있습니다. 이와 관련해서 합계출산율이라는 단어를 사용해 이야기해 보죠. 합계출산율이란, 여성 1명이 가임기간인 14~49세에 낳을 것으로 기대되는 평균 출생아 수입니다. 합계출산율이 2인 사회에서는 어른 세대와 아이 세대의 인구가 거의 같아지죠. 합계출산율이 1인 사회라면 아이들 세대 인구는 어른 세대 인구의 절반이 됩니다. 합계출산율이 1.5인 사회에서는 아이들 세대 인구가 어른 세대 인구의 $\frac{3}{4}$ 배가 되죠."

즉, 합계출산율은 여성 1명을 기준량으로 삼고, 평균 출생아 수를 비교하는 양으로 삼는다. 참고로 2022년 일본의 합계출산율은 1.26이고, 그림책을 출간했던 2002년의 출산율은 1.32다.

예제

일본은 부부 3쌍 중 1쌍이 이혼하는 사회일까?

2010년 일본의 결혼 건수는 약 70만이고, 이혼 건수는 약 25만이다. 또 2020년 결혼 건수는 약 53만이고, 이혼 건수는 약 19만이다. 이런 데이터를 보고 종종 '일본은 부부 3쌍 중 1쌍이 이혼하는 사회'라고 말한다.

$70 \div 25 = 2.8 \qquad 53 \div 19 \fallingdotseq 2.8$

확실히 위와 같이 계산하기 때문에 그런 발언이 나오는 것일지도 모른다.

하지만 냉정하게 생각하면 위 계산은 그 기간까지 결혼 생활을 이어온 부부 전체 중 약 $\frac{1}{3}$ 이 이혼했음을 나타내지 않는다는 점은 분명하다. 이런 이유도 있어서 인구 1000명당 이혼 건수를 이혼율이라고 정한다. 참고로 2020년 일본의 이혼율은 1.57이다.

예제

상대적 빈곤율

2016년 8월 18일 'NHK 뉴스' 방송에서 '빈곤한 여고생'이 거론되었고 그 학생이 실제로 취재에 응했다. 그와 관련해 국회의원까지도 끌어들여 서로 다른 입장인 사람들 사이에서 의견 대립이 일어났다.

"엄청나게 가난한 건 아니지 않아?", "이 상태로 공부를 계속하기는 어려울 것 같은데?", "일본은 격차 문제에 좀 더 진지하게 대처해야 해" 등의 의견이 인터넷상에 쏟아졌다.

우연히도 미래에 이와 같은 분쟁이 생길 것을 우려해 상대적 빈곤율의 정의부터 정리한 책이 있다(2013년에 출간한 『논리적으로 생각하고 쓰는 힘』(국내 미발간) 참고).

우선 빈곤에는 절대적 빈곤과 상대적 빈곤이 있고, 절대적 빈곤은 최소한으로 필요한 생활 수준이 충족되지 않은 상태, 즉 의식주를 챙기기도 어려운 상태를 가리킨다. 한편 상대적 빈곤은 가처분소득을 이용해 아래와 같이 파악한다.

가구의 가처분소득이란 가구의 소득(가구원 모두의 연간 소득 합계)에서 세금과 사회

보험료를 제외한 나머지 소득을 말한다.

다음으로 가구의 1인당 가처분소득을 정의하는데, 가구에는 1인도 있고 3인도 있으면 4인도 있듯이, 그 구성인원인 가구원 수는 일반적으로 각각 다르다.

단순하게 생각하면 가구의 가처분소득을 가구원 수로 나누면 되지만, 같이 생활하는 가족 중에는 공용으로 사용하는 것이 많기도 하고 가구원 수로 나누면 나누는 수가 너무 커진다고 판단할 수 있다.

그래서 현재 국제적으로 널리 사용되고 있는 '가구의 1인당 가처분소득'은 OECD의 '균등화 가처분소득'이라는 것이다.

가구의 가처분소득 ÷ (가구원 수의 양의 제곱근)

위 식으로 아래를 얻을 수 있다.

$$\sqrt{1} = 1, \quad \sqrt{2} = 1.414\cdots\cdots, \quad \sqrt{3} = 1.732\cdots\cdots, \quad \sqrt{4} = 2$$

1인 가구, 2인 가구, 3인 가구, 4인 가구 각각의 균등화 가처분소득은 가구의 가처분소득을 각각 1, 1.414, 1.732, 2로 나눈 몫이다.

예를 들어, 맞벌이 부부인 2인 가구의 가처분소득이 1414만 원이라면 그 균등화 가처분소득은 1414만 원을 $\sqrt{2}$ 로 나눈 1000만 원이 된다.

또 부모와 두 아들로 구성된 4인 가구의 가처분소득이 1000만 원인 경우 그 균등화 가처분소득은 1000만 원을 2로 나눈 500만 원이다.

그런 다음, 국민 전체의 균등화 가처분소득을 높은 순부터 나열해, 그 '중앙값'의 절반에 미치지 못하는 사람들을 상대적 빈곤층으로 간주하고, 그 비율을 OECD의 '상대적 빈곤율'로 정의한다. 이때 몇 가지 데이터의 중앙값이란, 데이터를 높은 순부터 나열했을 때 한가운데 값이다.

1, 3, 6, 8, 13, 17, 19

예를 들어, 위 홀수 개 데이터의 중앙값은 8이다.

1, 3, 6, 8, 13, 17

또 위 짝수 개 데이터의 중앙값은 한가운데에 있는 2개의 수 6과 8의 평균값인 7로 정한다.

후생노동성[2]이 발표한 데이터에 따르면 1985년 일본 균등화 가처분소득의 '중앙값'은 216만 원이고, 그 절반인 108만 원 미만의 상대적 빈곤율은 12.0%다. 그리고 2009년 균등화 가처분소득의 '중앙값'은 실질적으로 224만 원(명목상으로는 250만 원), 그 절반인 112만 원 미만의 상대적 빈곤율은 16.0%로 높아졌다. 또 명

---

2 일본의 행정조직으로 한국의 보건복지부와 고용노동부에 해당한다.

목상 값이란 해당 연도의 균등화 가처분소득을 말하며, 실질값이란 균등화 가처분소득을 1985년을 기준으로 한 소비자 물가 지수로 조정한 값이다.

이때 풍족한 국가의 '중앙값'과 가난한 국가의 '중앙값'에는 실제 생활에서 체감하는 차이가 있다는 점을 주의해야 한다. 즉, 절대적 빈곤과 상대적 빈곤은 전혀 다른 개념이다. 그 개념을 뒤죽박죽 섞어 논의를 벌였기 때문에 예제 시작 부분에서 언급한 뉴스가 갈등으로 번진 것이다.

비율에 관한 용어의 정의만큼은 중요하게 알아두기 바란다.

복습 문제

문제 1 농도가 20%인 소금물 △g에서 $\frac{1}{10}$ 을 덜어내고, 덜어낸 양만큼의 물을 추가해 섞었다. 이렇게 만든 소금물 △g에서 다시 $\frac{1}{10}$ 을 덜어내고, 덜어낸 양만큼의 물을 추가해 섞었다. 소금물의 농도는 몇 %가 되었을까?

문제 2 농도가 10%인 소금물 300g에 농도가 4%인 소금물을 더해 농도가 7%인 소금물을 만들고 싶다. 농도가 4%인 소금물을 몇 g 추가하면 좋을까?

문제 3 상품을 10% 할인해 팔더라도 이익률이 26%가 되도록 정가를 정하고자 한다. 정가는 원가의 몇% 높게 설정해야 할까?

기존 소금물에 들어 있는 소금의 양 = $\triangle \times 0.2$(g)

첫 번째 덜어낸 후에 남은 소금의 양

$= \triangle \times 0.2 - \triangle \times 0.2 \times 0.1$ (g)

$= \triangle \times (0.2 - 0.2 \times 0.1)$ (g)

$= \triangle \times 0.18$ (g)

두 번째 덜어낸 후에 남은 소금의 양

= 첫 번째 덜어낸 후에 남은 소금의 양 - 첫 번째 덜어낸 후에 남은 소금의 양 $\times 0.1$(g)

$= \triangle \times 0.18 - \triangle \times 0.18 \times 0.1$ (g)

$= \triangle \times (0.18 - 0.18 \times 0.1)$ (g)

$= \triangle \times 0.162$ (g)

따라서 두 번째 덜어낸 후의 소금과 소금물의 양은 각각 $\triangle \times 0.162$(g)와 $\triangle$(g)이기 때문에 소금물의 농도는 아래와 같다.

$$\frac{\triangle \times 0.162}{\triangle} \times 100 = 0.162 \times 100 = 16.2 \ (\%)$$

추가해야 하는 4%의 소금물을 △g이라고 하면, 우선 다음의 두 식이 성립한다.

농도가 10%인 소금물 300g에 포함된 소금의 양

$= 300 \times 0.1 = 30$ (g)

농도가 4%인 소금물 △g에 포함된 소금의 양 = $\triangle \times 0.04$(g)

만들고 싶은 소금물의 농도는 7%이기 때문에 아래 식이 성립해야 한다.

$$\frac{30 + \triangle \times 0.04}{300 + \triangle} \times 100 = 7$$

여기서 아래와 같이 계산되기 때문에 답은 300g이다.

$(30 + \triangle \times 0.04) \times 100 \div (300 + \triangle) = 7$

$(30 + \triangle \times 0.04) \times 100 = 7 \times (300 + \triangle)$

$3000 + \triangle \times 4 = 2100 + 7 \times \triangle$

$3000 - 2100 = 7 \times \triangle - 4 \times \triangle$

$3 \times \triangle = 900$

$\triangle = 300$ (g)

정가를 △(원), 원가를 □(원)이라고 하면, 문제에 따라 아래의 식이 성립한다.

$$\triangle - \triangle \times 0.1 = \square + \square \times 0.26$$

그러므로 아래의 식을 도출할 수 있다.

$$\triangle \times (1 - 0.1) = \square \times (1 + 0.26)$$

$$\triangle \times 0.9 = \square \times 1.26$$

$$\triangle = \square \times 1.26 \div 0.9 = \square \times 1.4$$

이에 따라 정가는 원가보다 40% 높게 설정하면 된다는 답이 나온다.

2 과학의 단위와 속력, 시간, 거리

만나는 시간, 열차 속력, 유속 구하기

우선 과학에서 사용하는 단위를 간단하게 정리해 두자.

◈ 길이는 다음과 같이 정한다.

1m(미터) = 100cm(센티미터)

1km(킬로미터) = 1000m

1cm = 10mm(밀리미터)

다른 단위에서도 동일한데 미터를 기준으로, k(킬로)는 1000배, m(밀리)는 1000분의 1이다.

◈ 넓이는 다음과 같이 정의한다.

한 변이 1cm인 정사각형의 넓이 = $1cm^2$(제곱센티미터)

한 변이 1m인 정사각형의 넓이 = $1m^2$(제곱미터)

한 변이 10m인 정사각형의 넓이 = 1a(아르)

한 변이 100m인 정사각형의 넓이 = 1ha(헥타르)

한 변이 1km인 정사각형의 넓이 = $1km^2$(제곱킬로미터)

◈ 부피는 다음과 같이 규정한다.

한 변이 1cm인 정육면체의 부피 = $1cm^3$(세제곱센티미터)

한 변이 1m인 정육면체의 부피 = $1m^3$(세제곱미터)

1L(리터) = $1000cm^3$

= 1000mL(밀리리터)

◈ 무게의 경우, 온도가 4℃, 기압이 1기압(표준기압)인 상태에서 물 $1cm^3$의 무게를 1g(그램)이라 하며, 다음과 같이 정의한다.

1g = 1000mg(밀리그램)

1kg(킬로그램) = 1000g

1t(톤) = 1000kg

◈ 각도는 다음과 같이 정의한다.

1바퀴를 360°(도), 그리고 직각을 90°라고 한다.

지금부터 헷갈리기 쉬운 단위의 계산을 배워 보자.

먼저, 1m는 100cm인데, $1m^2$는 $100cm^2$가 아니다. $1m^2$는 한 변이 100cm인 정사각형의 넓이이기 때문에 아래의 그림을 보면 다음과 같음을 알 수 있다.

$$1m^2 = 10000cm^2$$

한 변이 1cm인 정사각형이 100×100(개) 들어가기 때문이다.

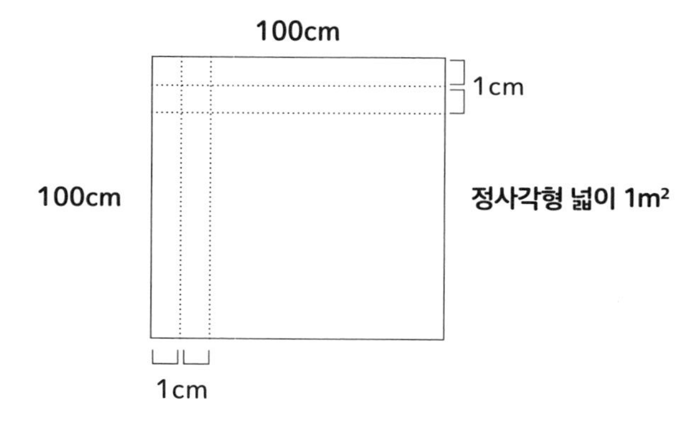

같은 방식으로 다음을 알 수 있다.

$$1km^2 = 1000000m^2$$

$1km^2$는 한 변이 1m인 정사각형이 1000×1000(개) 들어가기 때문이다.

부피에 대해서도 같은 방식으로 다음을 알 수 있다.

$$1m^3 = 1000000cm^3$$

$1m^3$는 한 변이 1cm인 정육면체가 100 × 100 × 100(개) 들어가기 때문이다.

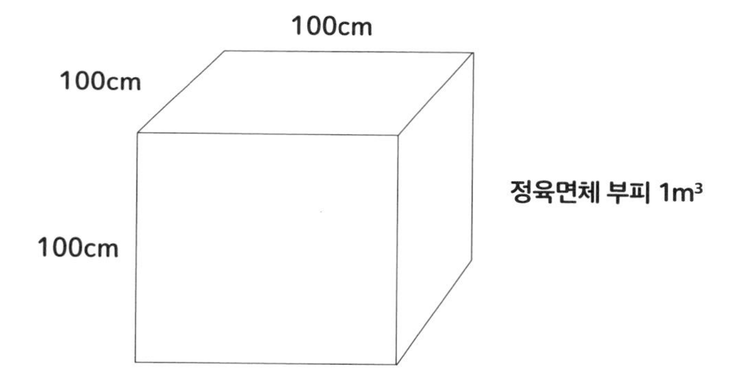

단위의 계산에서는 축척이 관계된 넓이를 특히 틀리기 쉽다.

다음으로, 무게에 관한 신기한 문제를 소개한다.

예제

물 $1m^3$의 무게는 다음 3가지 중 어느 것인지를 추측해 보자.

(가) 10kg　　(나) 100kg　　(다) 1t(1000kg)

【해설】

(나)를 선택한 사람이 많을 것 같다. 하지만 정답은 (다)다. 왜냐하면 물 $1m^3$은 물 $1000000cm^3$이므로 그 무게는 아래와 같기 때문이다.

$$1000000g = 1000kg = 1t$$

'톤'이라는 이미지에서 오는 무게를 상상하면 역시 신기하기는 하다.

이제 속력, 거리, 시간에 대해 알아보자.

일상생활 속에서 '시간·거리·속력'의 관계는 자주 사용된다. 여기서 '속력'이란 단위 시간당 이동한 거리다.

예를 들어, '시속 △km(△km/h)'은 1시간 동안 이동한 거리가 △km이고, '분속 △m(△m/min)'은 1분간 이동한 거리가 △m이고, '초속 △m(△m/s)'은 1초 동안 이동한 거리가 △m이고 …… 라는 것을 나타낸다.

안타깝게도 '시간·거리·속력'의 관계에 대해서도 앞에서 소개했던 '교·준·율'와 똑같이 '속(속력)·시(시간)·거(거리)'라는 이상한 공식이 있어서 이해를 통해 내용을 익히는 데 방해받고 있다.

이와 관련해 비슷하게 '거(거리)·속(속력)·시(시간)'라는 명칭으로 쓰이는 공식도 있다.

두 공식 모두 원 아랫부분의 2개를 곱하면 원의 윗부분이 답이 되는 식이다(예: 속력×시간=거리). 아래 그림은 '거÷속=시'나 '거÷시=속' 등을 의미한다. 이러한 관계식을 정확하게 기억하는 동안은 상관없겠지만 일단 잊어버리면 잘못된 관계식을 떠올려 오답을 내놓게 된다. 예를 들어, 시속 20km로 5시간 동안 달렸을 때의 주행거리를 '4km'라고 '답'하고도 태연한 아이들이 있다.

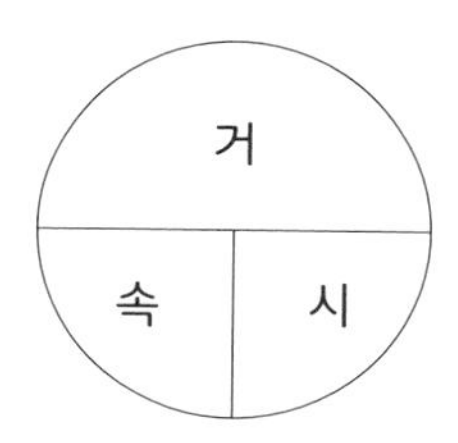

여담이지만 오비린대학교 리버럴아츠학군의 교원으로 일했던 시기에는 나와 똑같이 '속·시·거'식의 교육이 문제라고 생각했던 교원이 언어 커뮤니케이션 전공이나 정보학 전공, 물리학 전공을 포함해 많았기 때문에 입학한 학생의 사고방식을 이해 중시 학습이라는 좋은 방향으로 이끌 수 있었던 것을 떠올렸다.

애초에 예를 들어, 시속 20km란 1시간 동안 20km 이동하는 속력이라는 뜻으로 2시간이면 40km를 이동하고, 3시간이면 60km를 이동하고, …… 라는 것을 이해해 두면 다른 속력도 마찬가지로 이해할 수 있다.

또한 '속력'에 관해서는 가상의 문장으로 된 문제를 몇 가지 배우기 전에 일상생활에서 익숙한 소재로 구체적인 예를 직접 해 보면서 배워 두면 좋다.

그렇게 하면 '속·시·거'라는 이상한 공식을 떠올릴 필요 없이, 익숙하고 구체적인 예시에서 시간·거리·속력의 관계식을 올바르게 생각해 낼 수 있을 것이다.

예제

속력

❶

신칸센이 아닌 일반 열차에 타면 열차 바퀴가 레일과 레일의 이음새를 통과할 때 덜컹덜컹하는 소리가 난다. 이음새를 용접해서 롱레일로 만든 부분, 혹은 지점 등을 빼면 레일 하나의 길이는 25cm이기 때문에 열차 속력을 구할 수 있다.

예를 들어, 1초 동안 1회, 즉 1분 동안 60회 '덜컹덜컹'하는 소리가 들렸다면 1분 동안 1.5km를 이동한 것이다.

$$25 \times 60 = 1500\ (\text{m}) = 1.5\ (\text{km})$$

1시간 동안에는

$$1.5 \times 60 = 90\ (\text{km})$$

90km를 달리기 때문에, 시속 90km의 속력으로 주행한다는 것을 알 수 있다.

홋카이도의 겨울, 세키호쿠토게 고개에서는 2초에 한 번 정도 간격으로 '덜컹덜컹'하는 경쾌한 소리가 들리기도 한다. 이 경우 열차의 속력은 시속 45km다.

❷

많은 사람들이 개미는 매우 부지런한 일꾼이라고 생각한다. 하지만 흥미롭게 제대로 개미를 관찰한 전문가의 말로는 개미도 사람과 비슷해서 열심히 일하는 개미도 있고 게으른 개미도 있다고 한다. 그렇기 때문에 개미가 걷는 속력은 개체나 상황에 따라 크게 다른데, 조금 빠르게 걷는다 싶은 속력으로는 1초 동안 4cm를 걷는 초속 4cm를 가정해도 좋을 듯하다.

초속 4cm = 분속 240cm = 분속 2.4m

위처럼 표현하면 다른 속력과 비교할 수 있다.

❸

음속은 초속 약 340m이고, 광속은 초속 약 30만km다. 그러므로 조금 떨어진 곳에서 불꽃놀이를 구경하는 경우 광속은 체감하기 어렵지만 음속은 체감할 수 있다. 불꽃이 빛나고 나서 '펑'하는 소리를 듣기까지 6초가 걸렸다고 한다. 이 경우 자신의 위치에서 불꽃까지의 거리는 소리가 6초 동안 이동하는 거리다.

$$340 \times 6 = 2040 \text{ (m)} \fallingdotseq 2 \text{ (km)}$$

이 개념은 그 밖에도 다양하게 응용할 수 있다. 예를 들어, 벼락이 번쩍하고 빛난 것을 보고 나서 '콰광'하는 소리가 들리기까지 6초가 걸렸다면 자신이 있는 장소에서 벼락까지의 거리는 약 2km다.

❹

부동산에서 '역에서 도보 7분'이라는 표시는 '분속 80m의 속력으로 걸어서 7분 걸리는 거리'를 말한다. 즉, 역까지 560m 거리라는 뜻이다. 이는 산간에 있는 역도 마찬가지라서 다릿심이 센 사람이 아니라면 그 시간 안에 도착하지 못하는 경우도 있다.

다음에서는 속력에 관해 자주 나오는 문장으로 된 문제를 소개한다.

예제

❶ 만나는 시간 구하기

A와 B의 집 사이의 거리는 1260m다. A와 B의 집을 이어주는 길은 하나다. A와 B는 상대의 집을 향해 동시에 걷기 시작했다. A는 분속 65m, B는 분속 75m로 걸을 때, 두 사람은 출발한 지 몇 분 후에 만날까?

【해설】

두 사람이 걸을 때, 두 사람의 거리는 1분에 140m씩 가까워진다.

$65 + 75 = 140$ (m)

그래서 두 사람은 출발한 지 9분이 지나면 만날 수 있다.

$1260 \div 140 = 9$ (분)

❷ 열차 속력 구하기

일정한 속력으로 달리는 열차가 있다. 신호기를 통과하는 데 10초가 걸리고, 그 앞에 있는 160m 길이의 철교를 통과하는 데는 18초가 걸린다. 열차의 속력과 총 길이를 구해라.

【해설】

열차가 신호기를 통과하는 데 10초가 걸리기 때문에 10초 동안 열차의 총길이와 같은 거리를 지난다.

그리고 18초 동안 열차의 총길이와 철교의 길이를 더한 거리를 지나는 것이 된다. 이것은 다음 페이지의 그림처럼 왼쪽에서 오른쪽 상태로 도달하기까지의 거리를 생각해 보면 알 수 있다.

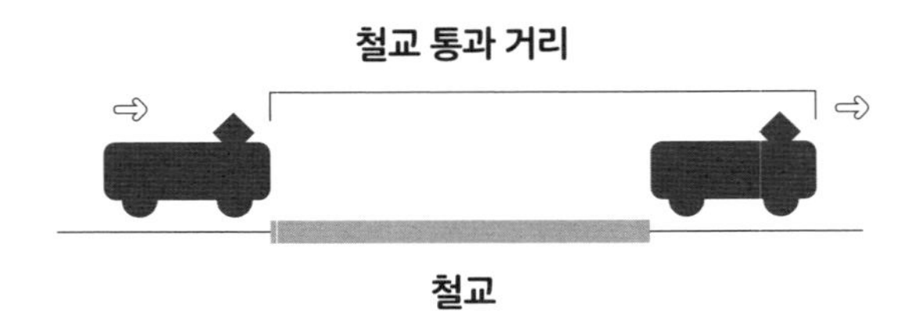

따라서 열차는 8초 동안 철교 길이인 160m를 지나는 속력으로 주행하고 있다.

160 ÷ 8 = 20（m/ 초）

이때 위와 같이 계산해서, 열차는 초속 20m의 속력으로 달린다는 것을 알 수 있다. 초속 20m는 분속 1.2km, 시속 72km다. 또한, 열차의 총길이는 10초 동안 지나는 거리이기 때문에 아래와 같다.

20 × 10 = 200（m）

❸ 유속 구하기

배가 강을 9km 오르는 데 45분이 걸리고, 같은 구간을 내려오는 데 36분이 걸린다. 이때 흐르지 않는 물에서 배의 속력과 강의 유속을 구해라. 또한 본문 해설 가장 마지막에 강조하고 싶은 내용이 있으니, 중학교 수학 수준으로 해설하는 것을 양해해 주기 바란다.

【해설】

흐르지 않는 물에서 배의 속력을 시속 △km, 강의 유속을 시속 □km라고 하면 다음 2가지 식이 나온다.

배가 강을 오를 때의 겉보기 속력

= 시속 (△ - □) km

배가 강을 내려올 때의 겉보기 속력

= 시속 (△ + □) km

이때 45분은 $\frac{3}{4}$ 시간, 36분은 $\frac{3}{5}$ 시간이기 때문에 ❶과 ❷의 식이 성립한다.

$$(\triangle - \square) \times \frac{3}{4} = 9 \quad \cdots\cdots ❶$$

$$(\triangle + \square) \times \frac{3}{5} = 9 \quad \cdots\cdots ❷$$

❶과 ❷의 식에서 다음 ❸과 ❹의 식이 성립한다.

$$\triangle - \square = 9 \div \frac{3}{4} \quad \cdots\cdots ❸$$

$$\triangle + \square = 9 \div \frac{3}{5} \quad \cdots\cdots ❹$$

❸과 ❹의 각 변을 더하면 아래처럼 변형할 수 있다.

$$2 \times \triangle = \left(9 \div \frac{3}{4}\right) + \left(9 \div \frac{3}{5}\right)$$

$$\triangle = \left(9 \div \frac{3}{4} + 9 \div \frac{3}{5}\right) \div 2 \quad \cdots\cdots❺$$

$$\triangle = (12 + 15) \div 2 = 13.5$$

또 ❹에서 ❸의 각 변을 빼면 다음처럼 변형이 가능하다.

$$2 \times \square = \left(9 \div \frac{3}{5}\right) - \left(9 \div \frac{3}{4}\right)$$

$$\square = \left(9 \div \frac{3}{5} - 9 \div \frac{3}{4}\right) \div 2 \quad \cdots\cdots❻$$

$$\square = (15 - 12) \div 2 = 1.5$$

따라서 답은 다음과 같다.

흐르지 않는 물에서 배의 속력 = 시속 13.5km

강의 유속 = 시속 1.5km

그런데 ❺와 ❻은 각각 다음의 '공식'이 성립한다는 것을 의미한다.

△ = (내려갈 때의 겉보기 속력 + 올라갈 때의 겉보기 속력) ÷ 2 ……❼

□ = (내려갈 때의 겉보기 속력 - 올라갈 때의 겉보기 속력) ÷ 2 ……❽

중학교 수험을 준비하는 아이들을 대상으로 하는 교육에서 일부이긴 하지만 위의 ❼과 ❽을 '유속 계산 전용 공식'으로 가르친다. 이와 같은 '공식'을 암기해서 유속 계산을 풀어야 하는 정도라면 유속 계산은 배우지 않는 편이 낫다고 생각한다.

복습 문제

문제 1 A역에서 B역까지 가는데 일반 열차로 가는 것보다 특급 열차로 가는 편이 소요 시간이 30분 짧다. 일반 열차와 특급 열차의 평균 속력은 각각 시속 45km와 시속 60km다. A역과 B역의 거리를 구해라.

문제 2 빈 수조에 물을 넣는 A관과 B관이 있고, A관으로는 16분, B관으로는 12분이 걸려 빈 수조를 채울 수 있다. 한편, 수조의 물을 밖으로 빼내기 위한 C관이 있고, 수조 하나의 물은 48분이 걸려 비울 수 있다. 수조가 비어 있을 때 A관, B관, C관을 동시에 열면 수조가 꽉 차기까지 몇 분이 걸릴까?

문제 3 A는 분속 80m, B는 분속 60m로 걷는다. 연못 둘레를 A와 B가 같은 장소에서 같은 방향으로 동시에 출발했는데, A는 35분 후에 처음으로 B를 추월했다. 연못의 둘레는 몇 m일까? 또 두 사람이 같은 장소에서 반대 방향으로 동시에 출발하면 몇 분 후에 만나게 될까?

A역과 B역 사이의 거리를 △km라고 한다. A역에서 B역까지 일반 열차와 특급 열차의 소요 시간은 각각 다음과 같다.

$$\triangle \div 45 \text{ (시간)}, \quad \triangle \div 60 \text{ (시간)}$$

그리고 소요 시간의 차이인 30분은 0.5시간이다.

$$\triangle \div 45 - \triangle \div 60 = 0.5 \text{ (시간)}$$

이에 따라 아래의 식이 성립한다.

$$\frac{\triangle}{45} - \frac{\triangle}{60} = 0.5$$

위 식의 양변에 45와 60의 최소공배수인 180을 곱하면 답을 얻을 수 있다.

$$\triangle \times 4 - \triangle \times 3 = 90$$
$$\triangle = 90 \text{ (km)}$$

문제 2 해답

A는 1분 동안 수조 전체의 $\frac{1}{16}$ 만큼 물을 채우고, B는 1분 동안 $\frac{1}{12}$ 만큼 물을 채우고, C는 1분 동안 $\frac{1}{48}$ 만큼 물을 빼낸다. 따라서 세 관을 동시에 열면 1분 동안 수조 전체의 $\frac{1}{8}$ 만큼 물을 넣게 된다.

$$\frac{1}{16}+\frac{1}{12}-\frac{1}{48}=\frac{3+4-1}{48}=\frac{1}{8}$$

따라서 답은 8분이다.

A와 B는 1분 동안 20m 차이가 난다. A가 35분 후에 처음으로 B를 추월했다는 것은 35분 후에 A가 연못 1바퀴를 더 걸었다는 의미다.

그러므로 연못의 둘레는 700m다.

$$20\times 35=700\ (\mathrm{m})$$

한편 A와 B가 반대 방향으로 걸을 때는 두 사람의 거리가 1분 동안 140m 멀어진다. 그리고 두 사람이 만날 때까지 걸어야 하는 거리의 총합은 1바퀴인 700m다.

따라서 두 사람이 만나는 것은 출발 5분 후다.

$700 \div 140 = 5$ (분 후)

3 평균이란 무엇일까

시속 30km로 갔다가 시속 50km로 돌아오면 왕복 평균 속력은

초등학생에게 “평균이 뭘까요?” 하고 물으면 “숫자가 여러 개 있는데, 그 숫자의 합을 숫자의 개수로 나눈 값이에요”라는 의미로 대답한다. 분명 초등학생이라면 그 답이 옳을 것이다. 그런데 평균이라는 글자가 붙는 종류에는 산술평균, 단순평균, 가중평균, 기하평균, 조화평균 등 여러 가지가 있다.

덧붙여 이런 평균은 모두 일상생활이나 비즈니스에서 유용한 개념이다. 이번 절에서는 다양한 평균의 기초적인 내용을 설명한다.

먼저 서두에 말했던 초등학생의 답은 ‘산술평균’이다.

학생이 5명 있고, 각각 몸무게가 31kg, 33kg, 39kg, 30kg, 32kg일 때 평균 몸무게는 다음과 같다.

$$(31+33+39+30+32) \div 5 = 165 \div 5 = 33 \text{ (kg)}$$

이 5명의 평균 몸무게를 설명하자면, 어린 시절 모래놀이를 하듯이 울퉁불퉁한 곳을 평평하게 해 전체를 동일한 높이로 만드는 상상을 하면 이해하기 쉽다.

39kg과 33kg의 차이인 6kg 중 2kg을 31kg에 더하고, 3kg을 30kg에 더한 뒤,

1kg을 32kg에 더하면 전부 33kg으로 같은 무게가 된다.

이처럼 여기서 설명한 '산술평균'은 울퉁불퉁한 상태를 고르게 해 전체를 동일한 높이로 만드는 것이다.

사실 다른 평균도 한마디로 말하자면 '전체를 고르게 하는 것'이다.

예를 들어, '평균속력'은 '동일한 소요 시간 동안 전체를 같은 속력으로 고르게 만드는 것'이다. 구체적으로 생각해 다음 그림에 표시된 구간 AD가 있다고 가정하자.

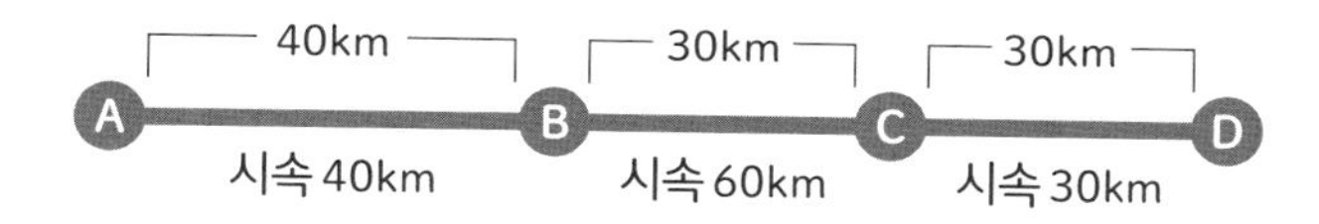

어떤 차가 AB 구간을 시속 40km, BC 구간을 시속 60km, CD 구간을 시속 30km로 달렸다. 이 차의 평균속력을 어떻게 구하면 좋을까?

이때 평균속력이란 AD 구간의 총 주행 시간 그림의 상황과 같을 때, AD 구간을 동일한 빠르기로 일정하게 달린 속력을 말한다.

그림의 상황에서 AB 구간의 소요 시간은 1시간, BC 구간의 소요 시간은 0.5시간, CD 구간의 소요 시간은 1시간이다. 또한 AD 구간의 거리는 100km다. 그렇다면 아래와 같이 계산할 수 있다(40km/시는 시속 40km를 의미).

차의 평균속력 = AD 구간의 거리 ÷ AD 구간의 소요 시간

= 100 ÷ 2.5 = 40 (km/시)

이쯤에서 일단 산술평균 이야기로 돌아가자.

산술평균의 종류에는 ‘단순평균’과 ‘가중평균’이 있다. 이를 과일 가격으로 이해해 보자.

1개에 30원인 귤이 5개, 1개에 120원인 사과가 3개, 1개에 330원인 파파야가 2개 있을 때, 귤, 사과, 파파야 세 종류의 단순 평균가는 다음과 같다.

$$(30+120+330)\div 3=480\div 3=160\ (원)$$

그리고 각각의 개수까지 고려한 과일 하나의 가중 평균가는 아래와 같다.

$$(30\times 5+120\times 3+330\times 2)\div (5+3+2)$$
$$=1170\div 10=117\ (원)$$

이 두 방식은 다음처럼 주식에서도 응용된다.

일본의 경제지표를 나타내는 닛케이평균주가와 도쿄증권거래소 주가지수 TOPIX를 소개한다.

닛케이평균주가는 도쿄증권거래소 프라임시장에 상장된 종목 중에서 대표적인 225개 종목의 주가를 단순평균 방식으로 산출된 지수다.

TOPIX는 도쿄증권거래소 프라임시장에 상장된 모든 종목의 주가를 각각의 주 수

를 고려한 가중평균 방식으로 산출된 지수다(2022년 4월 이후 약간 수정되었다),

다음으로는 앞서 말한 평균속력 방식을 사용해 A, B 두 지점 간의 거리가 150km일 때, A에서 B까지 시속 30km로 갔다가, B에서 A까지 시속 50km로 돌아온 차의 '왕복 평균속력'을 구해 보자.

이 문제의 답은 30과 50을 더하고 2로 나눈 40(km/시)이 아니다. 모든 구간을 동일한 속력으로 같은 소요 시간 동안 일정하게 주행할 때의 속력을 구하는 것이다. 갈 때와 돌아올 때의 기존 주행 시간은 각각 다음과 같다.

$$150 \div 30 = 5 \ (\text{시간})$$

$$150 \div 50 = 3 \ (\text{시간})$$

그래서 왕복 평균속력은 아래와 같다.

$$(150 \times 2) \div (5 + 3) = 300 \div 8 = 37.5 \ (\text{km/시})$$

사실 A와 B 두 지점 간의 거리가 150km가 아니더라도 시속 30km로 갔다가 50km로 돌아온다면 답은 37.5(km/시)로 동일하다. 왜냐하면 A와 B 두 지점 간의 거리를 $d$km라고 할 때, 왕복 평균속력은 다음과 같기 때문이다.

$$\frac{d \times 2}{\frac{d}{30} + \frac{d}{50}} = \frac{2}{\frac{1}{30} + \frac{1}{50}} = \frac{2}{\frac{8}{150}}$$

$$= 300 \div 8 = 37.5 \text{ (km/시)}$$

참고로 이 왕복 평균속력은 30과 50 두 수의 '조화평균'을 구하는 방식이다. 그래서 일반적으로 2개 이상의 수에 관한 조화평균을 구하는 방법이 있고, 음악이론이나 전기저항 등에서 사용된다.

덧붙여 조화평균의 정의를 이야기해 보자면 n개의 양수 a_1, a_2, a_3, ……, a_n의 '조화평균'은 아래 식으로 얻을 수 있다.

$$\frac{n}{\frac{1}{a_1} + \frac{1}{a_2} + \frac{1}{a_3} + \cdots + \frac{1}{a_n}}$$

다음으로 경제성장에서 자주 사용되는 연평균 성장률이라는 말을 알아보자.

지금까지 다룬 몸무게나 속력에서 생각하면 '성장하는 대상이 특정 기간에 매년 같은 성장률로 일정하게 성장했다고 가정했을 때 그 기간의 마지막 시점에서 처음과 비교해 동일한 성장 결과를 가져오는 성장률'이라는 것을 알 수 있다.

예를 들어, 1년째에 50%, 2년째에 100%, 3년째에 －25%, 4년째에 125% 성장했다면 1년째에 기준치의 $\frac{3}{2}$ 배, 2년째에 2배, 3년째에 $\frac{3}{4}$ 배, 4년째에 $\frac{9}{4}$ 배 성장

한 것이 된다.

$$\frac{3}{2} \times 2 \times \frac{3}{4} \times \frac{9}{4} = \frac{3}{2} \times \frac{3}{2} \times \frac{3}{2} \times \frac{3}{2}$$

위와 같으므로 4년간 평균 성장률은 50%(1.5배)가 된다. 따라서 '4가지 숫자 $\frac{3}{2}$, 2, $\frac{3}{4}$, $\frac{9}{4}$의 기하평균은 $\frac{3}{2}$'이다.

연평균 성장률을 구하는 방법을 일반화한 기하평균의 정의를 설명하면 다음과 같다.

n개의 양수 $a_1, a_2, a_3, \cdots, a_n$의 '기하평균'은 아래 조건을 만족하는 양수 g이다.

$$a_1 \times a_2 \times a_3 \times \cdots \times a_n = g \times g \times g \times \cdots \times g$$

(g를 n회 곱한 수)

참고로 위 식의 우변은 g의 n제곱이라고 말하고 g^n이라고 적는다. 그리고 초등 수학 수준을 넘는 수학의 기법을 이용하면 g는 아래처럼 표기한다.

$$g = \sqrt[n]{a_1 a_2 a_3 \cdots a_n}$$

이것을 '$a_1 a_2 a_3 \cdots a_n$의 n제곱근'이라고 읽는다.

이쯤에서 복습을 위해 예를 들어 보자.

어떤 새의 개체 수를 조사했는데 처음 1년 동안 1.5배가 되었고, 그다음 1년 동안 $\frac{8}{3}$ 배가 되었고, 또 다음 1년 동안 2배가 되었다고 한다.

$$\frac{3}{2} \times \frac{8}{3} \times 2 = 8 = 2 \times 2 \times 2$$

이때 위와 같기 때문에 '3년 동안의 평균을 구하면 1년 동안 2배씩 늘어났다'라고 이해하는 것이 옳다. 물론, 이 경우 평균을 구할 때 아래처럼 계산하면 틀린다.

$$\left(\frac{3}{2} + \frac{8}{3} + 2\right) \div 3 = \frac{37}{18}$$

한편, 2006년 가을에 "현재의 경기 성장 기간은 '이자나기 경기'를 넘었다"라는 뉴스가 보도되었다. 이 뉴스는 2002년 2월에 시작된 경기 성장이 2006년 11월까지 58개월째 이어져서, 1965년 11월부터 4년 9개월 동안 이어졌던 '이자나기 경기'를 넘어섰다는 것을 가리킨다.

그 당시 뉴스에서는'이자나기 경기'의 연평균 성장률이 11.5%라는 보도와 14.3%라는 다른 두 보도가 있었다.

당시에 이 점을 이상하게 생각해 계산한 결과, 전자는 기하평균으로 구해서 옳은 값이지만, 후자는 산술평균으로 구해서 틀린 값이었다. 2006년 11월 당시, 후자처럼 잘못 보도한 여러 매스컴에 위 설명을 정중하게 전달했지만 '이자나기 경기의 연평균 성장률 14.3%는 틀렸고, 옳은 수치는 11.5%'라는 정정 기사나 코멘트는 찾아볼 수 없었다.

이후 조금 시간을 두고 잡지와 저서에 연평균 성장률의 설명을 적었던 기억이 난다. 다음은 이미 말한 내용이지만, 중요한 개념을 포함하기 때문에 이 책에서도 짚고 넘어가려고 한다.

'이자나기 경기' 때 4년 9개월 동안 67.8% 성장했다. 2006년 11월쯤의 신문이나 방송 보도 등에 등장했던 '이자나기 경기'의 연평균 성장률이 14.3%라는 이야기는 다음처럼 계산했음이 밝혀졌다. 4년 9개월은 4.75년이기 때문에 다음과 같다.

$$67.8 \div 4.75 = 14.27\cdots\cdots$$

이것은 산술평균으로 구했기 때문에 틀렸다. 실제로 매년 14.3%씩 성장했다면 아래와 같다.

$$\begin{aligned} 1.143\text{의 4제곱} &= 1.143 \times 1.143 \times 1.143 \times 1.143 \\ &= 1.70\cdots\cdots \end{aligned}$$

4년 9개월 동안은커녕 4년 동안 이미 70% 넘게 성장한 것이 되어 버린다.

이자나기 경기의 연평균 성장률은 11.5%가 맞고, 다음과 같이 구할 수 있는데, 먼저 '사분기'라는 단어부터 알아 두자.

사분기는 GDP(국내총생산)에 관한 데이터를 발표할 때 일반적으로 사용되며, 1년을 1월부터 3월, 4월부터 6월, 7월부터 9월, 10월부터 12월의 4기로 나눈 것 중 하나를 의미한다.

이때 나눈 것을 순서대로 1사분기, 2사분기, 3사분기, 4사분기라 부르기로 한다.

예를 들어, 1사분기 동안 1% 성장하고, 2사분기 동안 2% 성장하고, 3사분기 동안 5% 성장하고, 4사분기 동안 3% 성장했다고 가정하자.

$$1 + 2 + 5 + 3 = 11 \ (\%)$$

이때 해당 연도의 성장률을 위처럼 계산하면 틀린다.

$$1.01 \times 1.02 \times 1.05 \times 1.03 = 1.1141613$$

약 11.4% 성장했다고 계산해야 한다.

사분기, 즉 3개월 단위로 생각하면 '이자나기 경기' 4년 9개월 동안 3개월이 19개 있는 것이 된다.

$4 \times 4 + 3 = 19$ (개)

이때 △의 19제곱이 1.678(67.8%의 성장률)에 가까운 숫자가 되는 △를 찾아보자. 성능이 좋은 전자계산기라면 바로 답이 나오겠지만, 일반적인 전자계산기를 사용하면 '1.02의 19제곱은 1.678에 미치지 못해. 1.03의 19제곱은 1.678을 넘잖아. 그 중간인 1.025의 19제곱은……'하는 식으로 단순하게 구할 수 있다.

1.0276의 19제곱 ≒ 1.677

그 결과로 위의 값을 알 수 있기 때문에 4년 9개월 동안에 67.8% 성장한 이자나기 경기 기간의 3개월 단위 평균 성장률은 약 2.76%다.

1.0276의 4제곱 = 1.115……

그래서 이자나기 경기의 연평균 성장률은 11.5%가 옳은 값이다.

마지막으로 초등수학의 범위를 벗어나는 내용임을 양해해 주기 바라며, n개의 양수 $a_1, a_2, a_3, \cdots, a_n$에 대한 산술평균과 조화평균, 기하평균의 대소 관계를 설명하겠다.

산술평균

$$A = \frac{a_1 + a_2 + a_3 + \cdots + a_n}{n}$$

조화평균

$$H = \frac{n}{\frac{1}{a_1} + \frac{1}{a_2} + \frac{1}{a_3} + \cdots + \frac{1}{a_n}}$$

기하평균

$$G = \sqrt[n]{a_1 a_2 a_3 \cdots a_n}$$

결론을 먼저 말하자면 다음 식이 성립한다.

$$H \leqq G \leqq A$$

먼저 $G \leqq A$가 성립한다는 증명을 여기에서 설명하는 것은 어렵지만, 저서 『상위 1%를 위한 SKY 수학(상)』의 보충 파트에서 '특급 열차와 일반 열차를 갈아타며 하는 여행'을 떠올리게 하는 재밌는 증명을 실어두었다.

다음으로 $H \leqq G$가 성립한다는 증명은 $G \leqq A$를 인정한다면 다음과 같이 말할 수 있다.

$$\frac{1}{a_1},\ \frac{1}{a_2},\ \frac{1}{a_3}, \cdots, \frac{1}{a_n}$$

이 수열에 대한 산술평균은 기하평균보다 크기 때문에 아래의 부등식이 성립한다.

$$\frac{\frac{1}{a_1}+\frac{1}{a_2}+\frac{1}{a_3}+\cdots+\frac{1}{a_n}}{n} \geqq \sqrt[n]{\frac{1}{a_1}\cdot\frac{1}{a_2}\cdot\frac{1}{a_3}\cdots\frac{1}{a_n}}$$

양변의 분모와 분자를 뒤집은 역수를 생각하면 다음 식이 성립한다.

$$\frac{n}{\frac{1}{a_1}+\frac{1}{a_2}+\frac{1}{a_3}+\cdots+\frac{1}{a_n}} \leqq \frac{1}{\sqrt[n]{\frac{1}{a_1}\cdot\frac{1}{a_2}\cdot\frac{1}{a_3}\cdots\frac{1}{a_n}}}$$

그 결과 아래의 식을 얻을 수 있다.

$$\frac{n}{\frac{1}{a_1}+\frac{1}{a_2}+\frac{1}{a_3}+\cdots+\frac{1}{a_n}} \leqq \sqrt[n]{a_1\ a_2\ a_3\cdots a_n}$$

단, 다음 내용에는 유의해야 한다.

$$\sqrt[n]{a_1\ a_2\ a_3\cdots a_n} \times \sqrt[n]{\frac{1}{a_1}\cdot\frac{1}{a_2}\cdot\frac{1}{a_3}\cdots\frac{1}{a_n}} = 1$$

복습 문제

문제 1 1개에 30원인 귤이 8개, 1개에 110원인 사과가 5개, 1개에 400원인 파파야가 2개 있다. 과일의 단순 평균가와 가중 평균가를 구해라.

문제 2 어떤 동물의 개체 수를 조사하는데, 첫해 동안 $\frac{16}{15}$ 배가 되고, 다음 1년 동안 $\frac{4}{3}$ 배가 되고, 그다음 1년 동안 $\frac{5}{3}$ 배 되었다. 개체 수는 평균으로 계산하면 매년 몇 배씩 늘어났을까?

문제 3 A에서 B까지 오르막이 많은 길을 시속 15km로 갔다가, B에서 A까지 시속 25km로 돌아온 자전거의 왕복 평균속력을 구해라.

문제 1

해답

$$\text{단순 평균가} = \frac{30+110+400}{3} = \frac{540}{3} = 180\ (\text{원})$$

$$\text{가중 평균가} = \frac{30\times 8+110\times 5+400\times 2}{8+5+2}$$

$$= \frac{240+550+800}{15} = \frac{1590}{15} = 106\ (\text{원})$$

문제 2

해답

$$\frac{16}{15} \times \frac{4}{3} \times \frac{5}{3} = \frac{4}{3} \times \frac{4}{3} \times \frac{4}{3}$$

위와 같기 때문에 평균을 계산하면 매년 $\frac{4}{3}$ 배씩 증가했다.

문제 3

해답

A와 B 사이의 거리를 △km라고 하면 아래와 같다.

갈 때의 소요 시간 = △ ÷ 15(시간)

돌아올 때의 소요 시간 = △ ÷ 25(시간)

따라서 왕복 평균속력은 아래처럼 계산해 시속 18.75km다.

$$\frac{2\times\triangle}{\frac{\triangle}{15}+\frac{\triangle}{25}}=\frac{2\times\triangle}{\triangle\times\left(\frac{1}{15}+\frac{1}{25}\right)}=\frac{2}{\frac{5+3}{75}}=\frac{2\times75}{8}$$

$$=18.75$$

비례와 반비례

'외항의 곱은 내항의 곱과 같다'란

마트에서는 100g에 200원 정도 하는 돼지고기를 자주 판매하고 있다. 그리고 매대 앞에 놓인 계량기로 정확하게 고기의 무게를 재서 가격을 매긴다.

이때 사려는 돼지고기의 무게를 측정했는데 230g이었다고 한다. 이 경우 값을 계산하면 100g에 200원은 1g에 2원이라는 뜻이기 때문에 230g의 값은 아래와 같다.

$$2 \times 230 = 460 \text{ (원)}$$

그리고 돼지고기를 xg 샀을 때의 '값 y원'은 다음처럼 일반화해 적을 수 있다.

$$y = 2 \times x \quad \cdots\cdots ❶$$

다음으로 앞에서 다룬 내용이지만 다시 한번 살펴보자. 신칸센 외의 일반 열차에 타면 열차 바퀴가 레일과 레일의 이음새를 통과할 때 덜컹덜컹하는 소리가 들린다. 이음새를 용접해 롱레일로 만든 부분, 또는 지점 등을 제외하면 선로 1개의 길이는 25m이기 때문에 열차 속력을 알 수 있다.

예를 들어, 1초 동안 한 번, 즉 1분 동안 60번 '덜컹덜컹'하는 소리가 들린다면 1분 동안 1.5km를 달렸다는 의미다.

$$25 \times 60 = 1500 \text{ (m)} = 1.5 \text{ (km)}$$

1시간 동안 90km를 달리기 때문에 시속 90km의 속력으로 주행하고 있다는 것을 알 수 있다.

$$1.5 \times 60 = 90 \text{ (km)}$$

만약 '덜컹덜컹'하는 소리가 난 후 다음 '덜컹덜컹' 소리가 들리기 전까지의 시간을 x초라고 하면 위에 따라 열차 속력 '시속 $y$km'는 아래처럼 일반화해 적을 수 있다.

$$y = \frac{90}{x} \quad \cdots\cdots❷$$

❶처럼 일반화해 아래와 같이 나타낼 때(정수≠0), y는 x에 '비례한다'(x와 y는 비례한다)고 말하며, 그 정수를 특히 '비례정수'라고 한다.

$$y = \text{정수} \times x$$

또한 ❷처럼 아래 식으로 나타낼 때(정수≠0), y는 x에 '반비례한다'(x와 y는 반비례한다)라고 말하며, 이때의 정수도 특히 '비례정수'라고 한다.

$$y = \frac{\text{정수}}{x}$$

그리고 무엇이든 말만이 아니라 그림이나 사진 등을 이용해 시각적으로 설명하면 알기 쉬울 것이다.

이러한 비례와 반비례 관계를 '좌표평면' 위의 그래프처럼 시각적으로 나타내는 방법이 있다. 좌표평면은 수학자 데카르트(1596-1650)가 병사로 근무하던 어느 날 천장에 붙어 있던 파리를 보고 그 위치를 나타내기 위해 고민하다가 생각해 낸 것이다.

그래프를 그릴 때의 기본은 먼저 ❶과 ❷의 식이 의미하는 x와 y의 쌍을 구하는 것이다. 이 작업을 소홀히 하고 갑자기 '그래프 그리는 법'부터 외우는 학습은 좋지 않다.

이처럼 '공식'만 외우는 학습법으로는 그래프의 의미를 잊어버리는 경우가 많기 때문이다.

예를 들어, 다음 2가지 그래프를 그려보자.

$$y = 2 \times x \quad \cdots\cdots❸$$

$$y = \frac{20}{x} \quad \cdots\cdots❹$$

각각 아래 표처럼 x와 y 쌍 6개로 나타내본다.

❸이 의미하는 표

x	0	1	2	3	4	5
y	0	2	4	6	8	10

❹가 의미하는 표

x	1	2	4	5	10	20
y	20	10	5	4	2	1

❸과 ❹가 의미하는 표로 그래프를 그리면 각각 **그림1**, **그림2**처럼 된다. 또한, x와 y가 모두 0을 가리키는 점을 '원점'이라 하며, 일반적으로 대문자 O로 나타낸다.

그림1의 그래프는 직선이지만, **그림2**의 그래프는 '쌍곡선'이다. 참고로 음수의 세계까지 확장하면 원점을 기준으로 **그림2**의 그래프와 대칭이 되는 곡선도 포함된다.

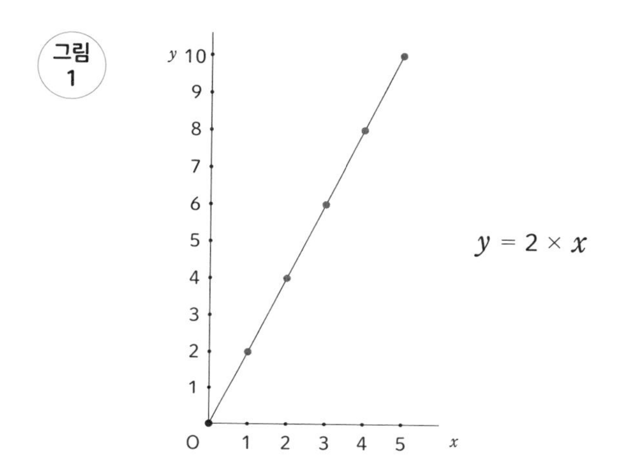

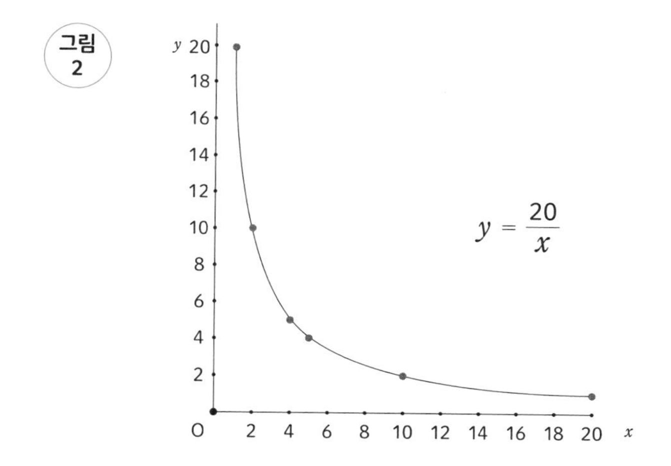

소리가 x초 동안 이동하는 거리 y(m)는 음속이 초속 340m이기 때문에 아래처럼 표기할 수 있다.

$y = 340 \times x$ (m)

이처럼 비례하는 관계를 여러 가지 떠올릴 수 있다.

한편, 반비례도 다양한데, 아르키메데스가 "나에게 지렛대와 받침목만 준다면 지구라도 움직일 수 있다"고 말한 것으로도 유명한 '지렛대의 원리'를 살펴보고 넘어가야 할 것 같다.

지렛대의 원리는 천칭처럼 가볍고 튼튼한 막대기와 막대기를 지탱하는 받침점이 있을 때, 아래의 관계가 성립함을 나타낸다.

왼쪽 추의 무게(kg) × 왼쪽 추에서 받침점까지의 거리(m)

= 오른쪽 추의 무게(kg) × 오른쪽 추에서 받침점까지의 거리(m)

이때 막대기는 균형을 맞추는 성질이 있다.

그래서 오른쪽 추의 무게와 받침점까지의 거리가 정해져 있을 때, 왼쪽 추의 무게와 받침점까지의 거리는 반비례한다.

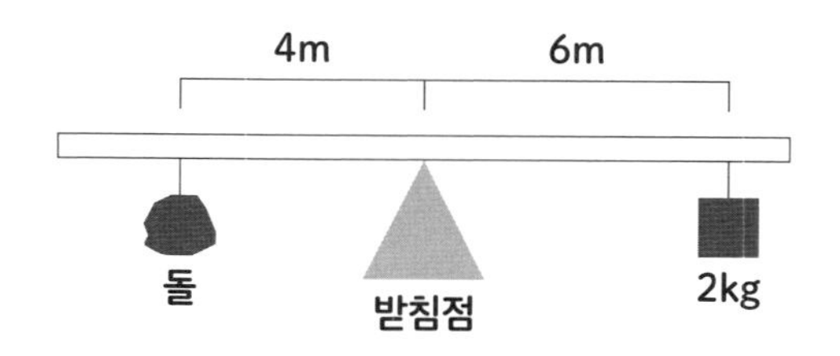

응용 예시를 보여주자면, 받침점에서 왼쪽 4m 위치에 돌이 매달려 있고, 받침점

에서 오른쪽 6m 위치에 2kg 추가 매달려 있을 때, 균형이 맞았다. 이때 왼쪽 돌의 무게를 x(kg)라고 하면 다음 식이 성립한다.

$$x \times 4 = 2 \times 6 = 12$$

$$x = 12 \div 4 = 3$$

따라서 돌의 무게는 3kg이다.

이제부터 비에 관해서 이야기해 보자. 먼저 다음과 같이 나누는 방식을 생각해 본다.

- 5m 테이프를 2m와 3m로 나눈다.
- 500원을 200원과 300원으로 나눈다.
- 750mL 우유를 300mL와 450mL로 나눈다.

어떤 경우에도 전자를 2라고 하면 후자는 3이 되고, 후자를 3이라고 하면 전자는 2가 된다. 나누는 방식에만 주목하면 순서대로 '2m 대 3m', '200원 대 300원', '300mL 대 450mL'가 된다.

전자는 2이고 후자는 3인 이와 같은 관계를 '비'의 세계에서는 서로 같다고 여긴다. 덧붙여 ' : '라고 적고 '대'라고 읽는다.

$$2m : 3m = 200\text{원} : 300\text{원} = 300mL : 450mL$$

이처럼 전자와 후자의 관계를 등호로 묶는다. 특히 위 식의 비는 아래처럼 간단한 형식의 비와 같다.

$$2 : 3$$

비의 세계에서는 위와 같이 간단하고 보기 쉬운 형식이 요구된다. 다른 예도 확인해 보자.

$$121m : 22m = 11 : 2 \qquad \frac{1}{3} : \frac{1}{2} = 2 : 3$$

$$900\text{원} : 900\text{원} = 1 : 1$$

일반적으로 △ : □라는 비에서 △를 '전항', □를 '후항'이라고 부른다. 또한 다음 분수를 비의 값이라고 한다.

$$\frac{\triangle}{\square}$$

'2m : 3m', '200원 : 300원', '300mL : 450mL' 3가지 비의 값이 모두 $\frac{2}{3}$ 인 것처럼, 같은 비의 관계에 있다는 말과 비의 값이 같다는 말은 동일한 의미다. 즉, 다음

비와 분수는 동일한 의미다.

$$a : b = c : d \quad \cdots\cdots \; (*)$$

$$\frac{a}{b} = \frac{c}{d}$$

또한 위 식에서 아래를 도출할 수 있다.

$$a \times d = b \times c$$

이는 (*)에서 외항끼리의 곱과 내항끼리의 곱이 같음을 의미하므로, '외항의 곱은 내항의 곱과 같다'라고 표현한다.

이 성질을 이용해 (*)에서 a, b, c, d 중 3개의 값을 알면 남은 1개의 값을 구할 수 있다. 예를 들어, 다음 식을 보자.

$$\triangle : 8 = 15 : 40$$

위 식이 성립한다면 아래처럼 △를 구할 수 있다.

$$\triangle \times 40 = 8 \times 15$$

$\triangle = 120 \div 40 = 3$

비는 3개 이상의 관계로도 확장할 수 있다.

$2 : 3 : 5 = 6 : 9 : 15$

예를 들어, 위처럼 이용할 수 있는데, 이런 3개 이상의 비를 일반적으로 '연비'라고 한다.

비를 간단히 응용해 보자. 매표소나 이벤트 입구 등에서 줄을 길게 서 있을 상황에서 자기 순서가 언제 돌아올지 알고 싶을 때가 있다. 그런 상황에서, 예를 들어 선두의 10명이 들어가기까지 5분이 걸렸고, 길게 늘어진 줄에서 자신 앞에 약 100명 정도의 사람이 서 있다면 기다려야 할 시간은 아래와 같다.

100 : 기다리는 시간 = 10 : 5

그래서 기다려야 하는 시간은 약 50분인 것을 알 수 있다.

이 간단한 응용 예시는 마찬가지로 다양한 형태로 활용된다.

다음에서 조금 더 난도가 있는 비의 응용으로 학습해 보자.

비는 사회학에서 국가끼리 비교할 때 'A국과 B국의 인구에 대한 비는 대략 △ : □인데, A국과 B국의 GDP(국내총생산)에 대한 비는 대략 ○ : ☆이다' 같이 사용하면, 각 국가의 특징이 잘 나타난다.

한편, 과학적인 측정법인데, 그림자를 이용해 나무의 높이를 구하는 것이다. 실제로 해보면 재밌다. 예를 들어, 아래의 그림에서 다음과 같다고 하자.

$$FE = 150cm, \quad DE = 100cm, \quad AB = 300cm$$

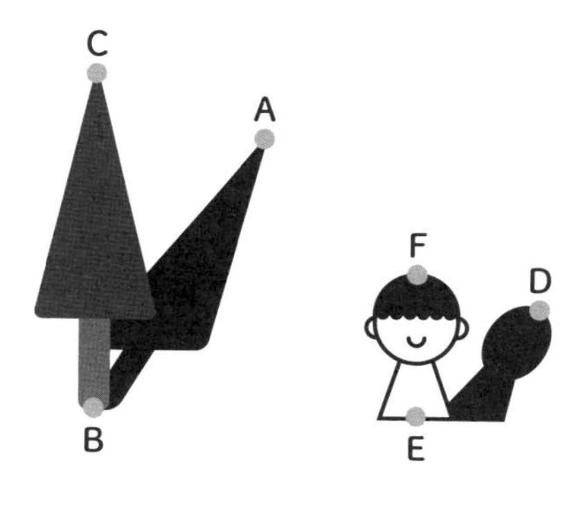

이때 아래처럼 쓸 수 있다.

$$CB : FE = AB : DE = 3 : 1$$

이에 따라 다음 식을 얻을 수 있다.

$CB : FE = 3 : 1$

$CB : 150 = 3 : 1$

그리고 외항의 곱은 내항의 곱과 같다는 성질을 사용해 CB의 길이를 알 수 있다.

$CB \times 1 = 150 \times 3$

$CB = 450$ (cm)

마지막으로 이른바 '금강비', '황금비'라는 수학적인 비에 대해 살펴보자. 중학교 수학 내용을 약간 포함하고 있는 것을 양해 바란다.

그림처럼 변 BC가 변 AB보다 긴 직사각형 ABCD에서 변 BC와 DA 각각의 중심점을 E, F라 한다.

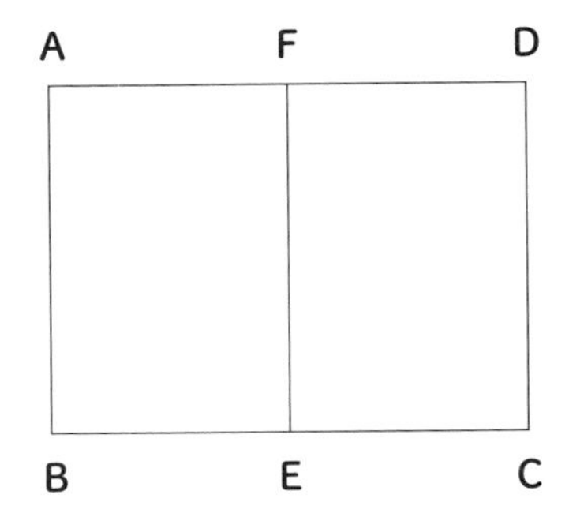

그리고 직사각형 ABCD와 직사각형 FABE가 서로 닮음(같은 모양)이 되는 상황에

대해 생각해 보자.

$$AB = x, \quad BC = y$$

위를 가정하면 아래 식이 성립한다.

$$AB : BC = FA : AB$$

이에 따라 아래가 성립한다.

$$x : y = \frac{y}{2} : x$$

그래서 외항의 곱은 내항의 곱과 같다는 성질을 사용하면 다음 식을 얻을 수 있다.

$$x \times x = y \times \frac{y}{2}$$

$$y \times y = 2 \times x \times x$$

a가 양수일 때, $a \times a = 2$가 되는 수를 $\sqrt{2}$ 로 나타내며 다음과 같다($\sqrt{2}$ 은 '루트 2' 라고 한다).

$$y = \sqrt{2} \times x$$

왜냐하면, 다음과 같기 때문이다.

$$y \times y = \sqrt{2} \times x \times \sqrt{2} \times x$$
$$= \sqrt{2} \times \sqrt{2} \times x \times x = 2 \times x \times x$$

참고로 루트 2는 다음과 같다.

$$\sqrt{2} = 1.41421356\cdots\cdots$$

이 $\sqrt{2}$ 를 이용한 비 '1 :$\sqrt{2}$ '를 '금강비'라고 한다. 금강비는 위 그림에서 'AB : BC' 이며, A3, A4, B4, B5 등 종이 규격에서 쓰인다. 덧붙여 A4는 A3의 절반이고, B5는 B4의 절반이다.

다음으로 '황금비'를 알아보자.

먼저 a가 양수일 때 $a \times a$ = 5인 수를 $\sqrt{5}$ 라고 나타내며 다음과 같다($\sqrt{5}$ 는 '루트 5'라고 한다).

$$\sqrt{5} = 2.2360679\cdots\cdots$$

황금비는 아래와 같다.

$$1 : \frac{1+\sqrt{5}}{2}$$

황금비는 다음처럼 재밌는 성질이 있다. 정오각형에서 아래의 비가 성립한다(저서 『상위 1%를 위한 SKT 수학(상)』의 1장 2절 연습문제 3번을 참조).

$$\text{한 변의 길이} : \text{대각선의 길이} = 1 : \frac{1+\sqrt{5}}{2}$$

덧붙여 아래처럼 피보나치수열이라는 수열이 있다.

$$1,\ 1,\ 2,\ 3,\ 5,\ 8,\ 13,\ 21,\ 34\cdots\cdots$$

$$1+1=2,\quad 1+2=3,\quad 2+3=5,\quad 3+5=8,$$

$$5+8=13,\quad 8+13=21,\quad 13+21=34\cdots\cdots$$

이 피보나치수열에 관해서 아래 수열을 생각해 보자.

$$\frac{1}{1},\ \frac{2}{1},\ \frac{3}{2},\ \frac{5}{3},\ \frac{8}{5},\ \frac{13}{8},\ \frac{21}{13},\ \frac{34}{21}\cdots\cdots$$

이 수열은 무한히 $\frac{1+\sqrt{5}}{2}$ 에 가까워진다(저서 『상위 1%를 위한 SKT 수학(상)』 5장 3절의 예8에서 극한의 개념을 응용).

다만 많은 수학 관련 자료에서 고대 이집트나 그리스의 건축물을 시작으로, 명함과 IC 카드 등 많은 것에 황금비가 사용되고 있다며, '아름다움'을 강조한다.
하지만 예전에 세로가 1, 가로가 $\frac{1+\sqrt{5}}{2}$ 의 비인 직사각형을 여러 개 만들어 본 적이 있는데, 특별히 아름답다고 느끼지는 못했다. 오히려 다다미를 직사각형이라고 봤을 때의 비인 '1 : 2'에 친근감이 느껴진다.

입학시험 답안 경향

조사이대학교, 도쿄이과대학교, 오비린대학교에서 근무했을 때, 각 대학교에서 수학 입학시험 문제의 책임자를 여러 번 맡았다. 실수가 없는 게 당연하고 실수가 있으면 비난받는 힘든 일이지만 사명감으로 온 힘을 다했다. 오비린대학교에서 정년퇴직했을 때, 실수 없이 끝마칠 수 있어서 안심했던 기억이 난다.

다 같이 입시 답안을 채점하기 전에 원서 번호순으로 정리된 전체 답안 중 일부를 골라서 시험 삼아 채점했는데, 이때의 평균 점수와 채점 종료 후 전체 답안의 평균 점수가 크게 차이 나는 경우가 있다. 그 이유를 이야기해 보자.

수험번호가 앞인, 즉 빠르게 원서를 제출한 사람의 합격률이 높고, 수험번호가 뒤인, 즉 늦게 원서를 제출한 사람의 합격률은 낮다. 물론 채점은 공평하기 때문에, 이 경향의 분석은 심리학의 문제일지도 모른다. 참고로 대학의 기말시험에서는 빠르게 제출한 답안의 점수는 낮았고, 마지막까지 끈질기게 풀던 학생의 답안 점수는 높았다.

복습 문제

문제 1 y는 x에 비례하고, $x=6$일 때 $y=2$다. y를 x의 식으로 나타내라. 특히 $x=18$일 때 y의 값은 얼마인가?

문제 2 y는 x에 반비례하고, $x=3$일 때 $y=5$다. y를 x의 식으로 나타내라. 특히 $x=1$일 때 y의 값은 얼마인가?

문제 3 y는 x에 반비례하고, z는 y에 반비례할 때, z는 x에 비례한다는 것을 설명하라.

문제 1

해답

$$y = a \times x \quad (a : \text{비례정수})$$

문제의 의미를 해석하면 아래의 식을 도출할 수 있다.

$$2 = a \times 6, \quad a = \frac{1}{3}$$

따라서 다음처럼 적을 수 있다.

$$y = \frac{1}{3} \times x$$

위 식으로 $x = 18$일 때 y 값은 아래와 같다.

$$y = \frac{1}{3} \times 18 = 6$$

$$y = \frac{a}{x} \quad (a : \text{비례정수})$$

문제의 의미를 해석하면 다음 식을 도출할 수 있다.

$$5 = \frac{a}{3}, \quad a = 15$$

따라서 다음처럼 적을 수 있다.

$$y = \frac{15}{x}$$

위 식으로 $x = 1$일 때 y 값은 아래와 같다.

$$y = \frac{15}{1} = 15$$

문제 3

해답

가정에 따라 아래처럼 적을 수 있다.

$$y = \frac{a}{x} \ (a \ : \ \text{비례정수})$$

$$z = \frac{b}{y} \ (b \ : \ \text{비례정수})$$

그러므로 다음과 같이 적을 수 있다.

$$z = \frac{b}{y} = \frac{b}{\frac{a}{x}} = \frac{b}{1} \div \frac{a}{x} = \frac{b \times x}{1 \times a}$$

$$= \frac{b}{a} \times x$$

따라서 z는 x에 비례한다. 여기서 비례정수는 $\frac{b}{a}$ 이다.

이별할 때는 남겨진 사람이 외롭다

옛날부터 1년 중에 3월을 가장 싫어했고, 4월을 가장 좋아했다. 일본에서는 3월에 졸업식을 해 헤어짐이 많고, 반대로 4월에는 입학식을 해 새로운 만남이 많기 때문이다. 다만 2023년 3월에 오비린대학교에서 정년퇴직했을 때는 70세부터 새로운 인생이 시작된다는 느낌이 강해서 그 정도로 외롭지는 않았다.

영화에서 이별 후 떠나가는 사람이 외길을 똑바로 천천히 걸어가고 있을 때, 남겨진 사람이 멈추어 서서 상대의 뒷모습을 사라질 때까지 계속 바라보는 장면이 있다. 그때 남겨진 사람은 외로움으로 북받쳤을 것이다. 그 이유를 반비례의 의미로 설명해 보자.

남겨진 사람과 떠나가는 사람 사이의 거리를 d라고 하고, 남겨진 사람은 땅에 수직으로 세운 키보다 긴 잣대를 가지고 있다고 한다. 남겨진 사람이 잣대 위에서 본 떠나가는 사람의 키를 h라고 하면 닮음의 성질을 이용해 h가 d에 반비례한다는 것을 알 수 있다.

도형

1

도형의 도입

평행사변형은 사다리꼴일까

여기서부터는 도형에 대해 이야기해 보자.

초등수학 범위에서 다루는 도형은 2차원의 평면도형과 3차원의 입체도형이다. 입체도형은 주로 제4절에서 다루기로 하고 당분간은 평면도형을 살펴보자. 평면도형의 주요 테마는 삼각형, 사각형 등을 총칭한 다각형과 원이다.

도형의 개념은 곧은 선을 '직선'이라고 부르는 것에서 시작된다. 초등수학에서 양 끝이 있는 '선분'과 한쪽만 끝이 있는 '반직선'은 별로 사용하지 않지만 이번 절에서는 오해를 막기 위해 선분과 반직선을 사용한 부분이 있음을 양해해 주기 바란다.

삼각형, 사각형, 오각형, 육각형, ……은 각각 직선 3개, 4개, 5개, 6개, ……로 둘러싸인 (평면 위의) 도형이다. 다각형을 구성하는 직선 부분을 변이라고 하고, 변과 변이 만나는 각 점을 꼭짓점이라고 한다.

다각형 중에서도 볼록다각형은 다각형 내에 있는 아무 두 점 A와 B를 찍어도 그 점을 잇는 선분(A와 B를 지나는 직선 중 A에서 B까지의 부분)이 그 다각형에 포함되는 도형을 말한다.

또, 볼록다각형이 아닌 다각형을 오목다각형이라고 한다. 다음 그림에서 왼쪽은 볼록다각형이고, 오른쪽은 오목다각형이다.

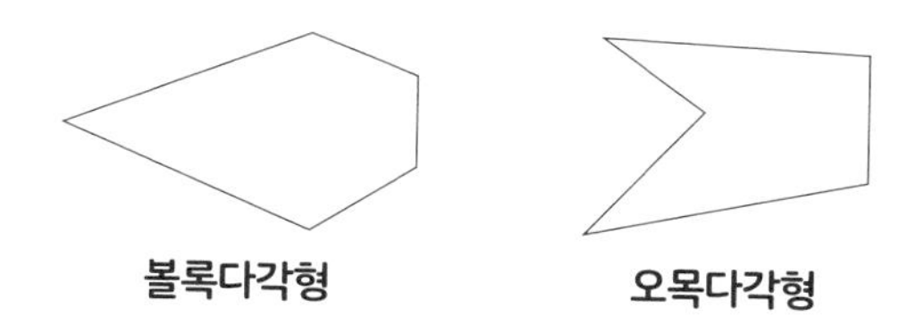

다음으로 그림을 이용해 직각이라는 개념을 복습해 보자.

종이 한 장 위에 임의의 점 P를 꼭짓점으로 하는 직각은 아래처럼 간단하게 만들 수 있다.

먼저 종이를 한 번 접어 생긴 직선 위에 P가 오도록 종이를 접는다(그림의 ❶). 그리고 접힌 직선이 교차해서 P가 꼭짓점이 되도록 그 종이를 한 번 더 접으면(그림의 ❷), P에 직각이 생긴다(그림의 ❸).

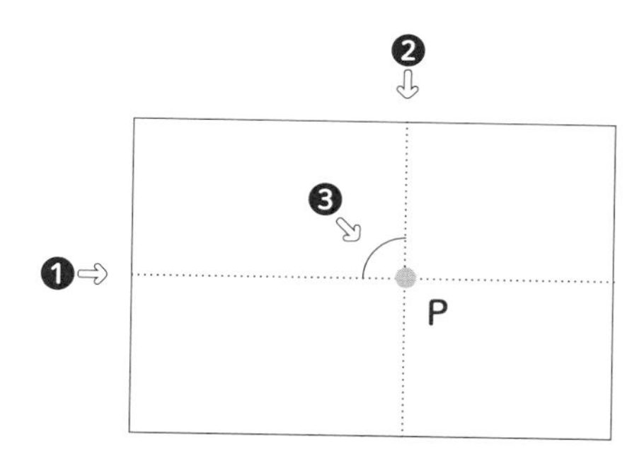

이런 직각은 일상생활에서도 많이 볼 수 있다. 종이의 모서리, 창틀의 모서리, 자의 모서리 …… 등. 또한, 직각은 다음 그림처럼 기호로 표시하는 것이 일반적이다.

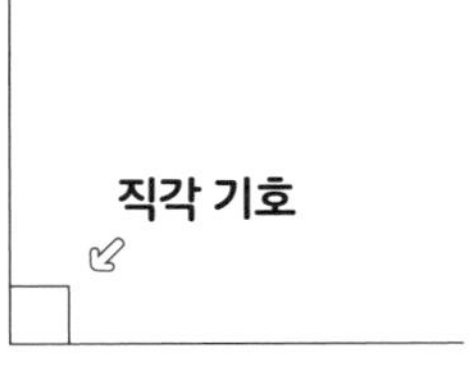

다음으로 평면 위에서 1개의 직선 n에 직각으로 교차하는 2개의 직선 l과 직선 m은 서로 '평행'한다고 한다. 평행한 두 직선은 교차하지 않는다.

이런 평행한 관계도 일상생활 중 많은 장소에서 볼 수 있다. 또한 직선 l과 직선 m처럼 직선 n에 직각으로 교차하는 직선을 직선 n의 '수선'이라고 한다.

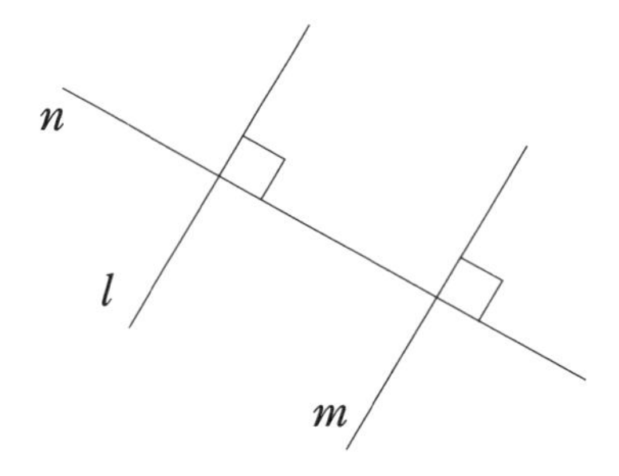

길이라는 개념을 다룰 때 잊지 말아야 할 것은 끈과 같은 곡선의 길이다. 끈은 팽팽하게 곧게 늘려서 자로 측정할 수 있다. 이렇게 측정한 끈의 길이는 하나로 정해진다는 것이 핵심이다.

넓이에서는 한 변이 1cm인 정사각형이 △개만큼 있다면 △cm², 한 변이 1m인 정사각형이 △개만큼 있다면 △m^2가 된다.

부피에 관해서도 같은 방식으로 생각해서 한 변이 1cm인 정육면체가 △개만큼 있다면 △cm^3. 한 변이 1m인 정육면체가 △개만큼 있다면 △m^3가 된다.

여러 가지 삼각형과 사각형을 소개하기 전에 평면도형과 입체도형의 관계에 대해 훑어보자.

모두 알고 있겠지만 평면도형은 보기 쉽고 이해하기 쉽다. 한편, 입체도형은 대체로 파악하기 어렵다.

그래서 입체도형은 평면으로 자른 단면으로 보거나, 절개해 평면으로 펼친 전개도로 보거나, 그 외에도 스케치해서 겨냥도를 그리거나, 혹은 투영도를 그려 생각할 수 있다. 모두 입체도형을 평면도형으로 한 단계 낮추어서 생각한다고 말할 수 있다.

참고로 정육면체의 전개도는 11개가 있는데, 다음과 같다. 이 전개도를 시행착오를 겪으며 직접 그려본다면 더욱 효과적으로 이해할 수 있을 것이다.

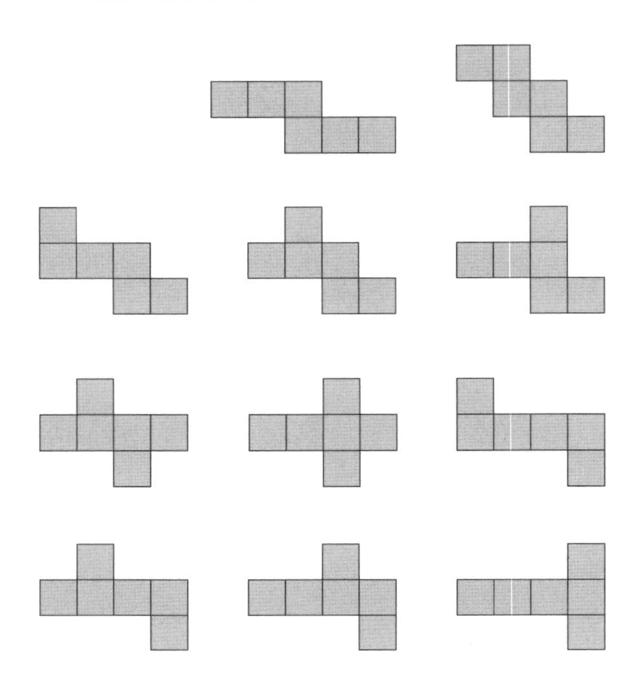

옛날에는 블록 쌓기, 프라모델, 고리 퍼즐, 뜨개질처럼 입체도형 놀이가 여러 가지 있었다.

하지만 현재에는 TV나 스마트폰 게임처럼 평면도형 놀이가 중심이다. 그에 따른 부정적인 영향이 있다고 생각하는 것이 자연스럽고, 그 점을 보충하는 교육이 필요하다.

여담이지만 몇 년 전에 유명 자전거 메이커의 모회사인 기계 회사를 여러 번 견학한 적이 있다. 그때마다 감탄한 점은 입체도형에 대한 인식을 높이기 위해 신입사원에게 옛날 직물 기계를 작동하며 자유롭게 시간을 보낼 수 있는 연수를 시행한다는 것이다.

이처럼 입체도형에 관한 교육을 중요시했으면 하는데, 그 중요성을 깨달을 수 있는 이야기를 소개한다.

다리가 넷인 테이블은 안정되어 있다고 여기는 견해가 많다.

파티에서 다리가 넷인 테이블을 야외로 가지고 나온 적이 있을 것이다. 그때 테이블이 덜컹거려서 주스나 맥주를 흘리는 경우도 있었을 것이다.

이처럼 경험을 통해 처음으로 '평면은 일직선상이 아닌 3개의 점에 따라 결정된다'는 사실을 인식하기도 한다.

방 안에 있는 테이블의 다리 끝은 평면도형으로 파악할 수 있지만 야외에 배치된 테이블의 다리 끝은 입체도형으로 파악해야 한다.

이쯤에서 입체도형 교육이 중요하다고 생각하는 이유에 관한 문제를 풀어 보자.

예제

직사각형 모양인 A4 또는 B5 크기의 종이가 있고, 그 정중앙에 10원 동전만 한 크기의 구멍을 뚫었다고 한다. 이때 종이를 찢거나 500원짜리 동전을 구부리지 않고 그 구멍에 500원 동전을 통과시킬 수 있을까?

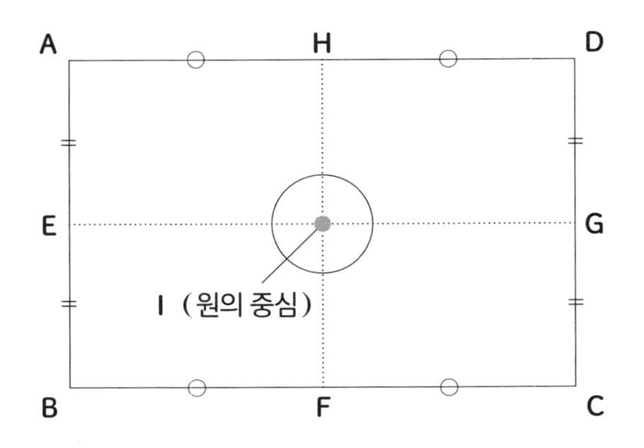

【해설】

아래처럼 하면 구멍에 500원 동전을 통과시킬 수 있다.

직선 EG을 따라 직사각형 ABCD를 반으로 접는다. 그리고 A, B, C, D가 위로 E, G가 아래로 가도록 종이를 손에 든다.

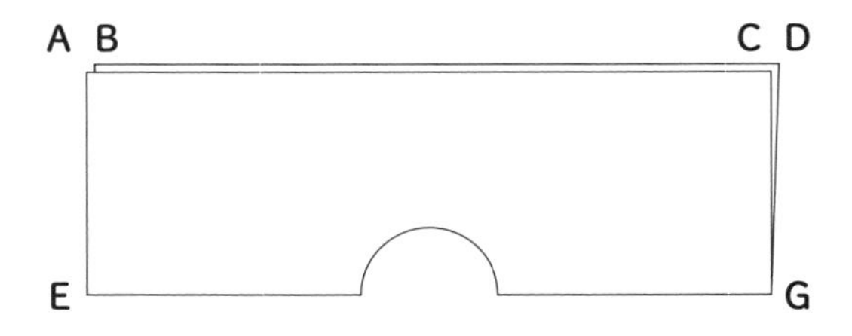

다음으로 접은 부분의 중앙 구멍에 500원 동전이 보이도록 500원 동전을 접은 부분 사이에 넣는다.

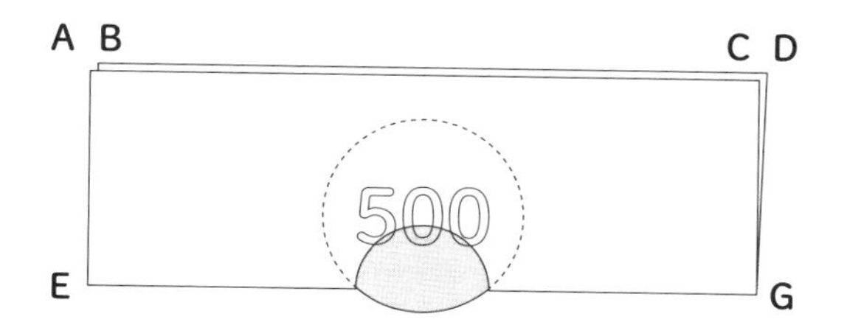

그 뒤 종이를 접은 상태에서 E를 A, B의 왼쪽으로, G를 C, D의 오른쪽으로 천천히 구부린다. 그러면 500원 동전은 구멍을 통과해 아래로 떨어진다.

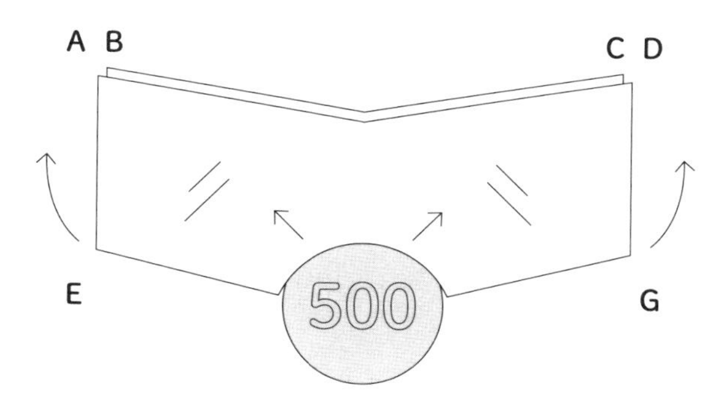

결국 이 문제는 평면도형 문제처럼 보이지만 사실은 입체도형 문제인 것이다. 또한, 여기서 설명한 방법에 따라 이론적으로는 지름이 10원 동전 지름의 $\frac{\pi}{2}$ 배까지의 원은 구멍을 통과할 수 있다(π는 원주율).

이제부터 여러 가지 삼각형과 사각형의 정의를 이야기해 보자.

두 변의 길이가 같은 삼각형을 이등변삼각형이라고 하고, 세 변의 길이가 같은 삼각형을 정삼각형이라고 한다.

이때 이등변삼각형은 적어도 두 변의 길이가 같으면 된다는 의미이기 때문에 정삼각형은 이등변삼각형이기도 하다는 점에 주의한다.

또한 하나의 각이 직각인 삼각형을 직각삼각형이라고 하고, 그 직각을 이루는 두 변의 길이가 같은 삼각형을 특히 직각이등변삼각형이라고 한다.

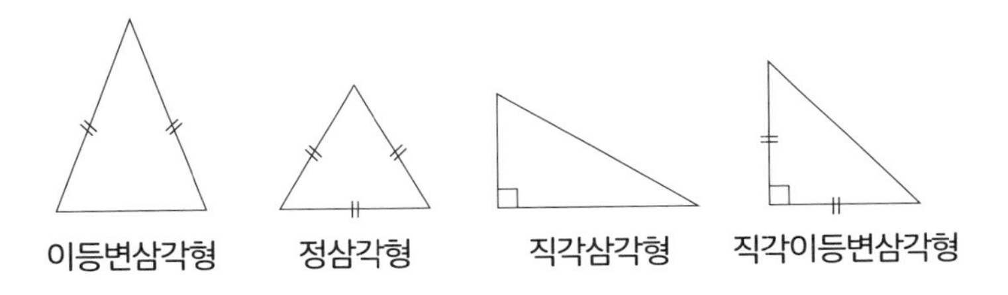

이 다양한 삼각형의 관계를 아래처럼 벤다이어그램으로 나타내면 시각적으로도 이해할 수 있다.

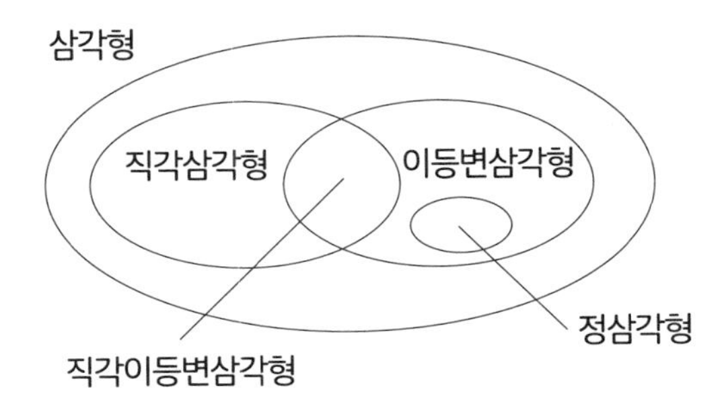

다음으로 정사각형은 4개의 각이 직각이고 4개의 변의 길이가 같은 사각형이다. 4개의 각이 직각인 사각형을 직사각형, 4개의 변의 길이가 같은 사각형을 마름모라고 한다. 그래서 정사각형은 직사각형이면서 마름모이기도 하다. 또한 직사각형을 장방형이라고도 부르는 사람이 있으니 주의하기 바란다.

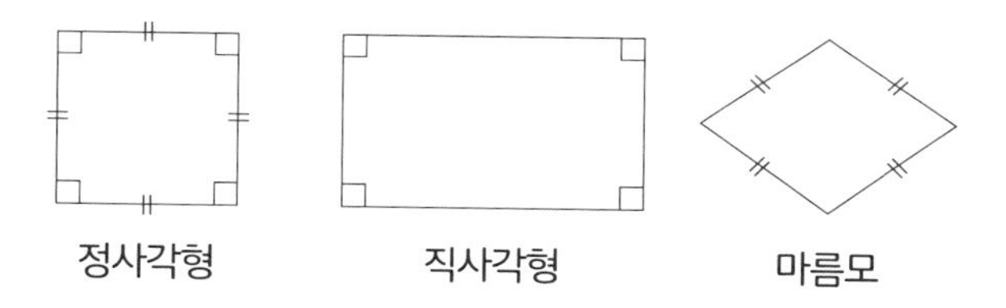

평행사변형은 마주 보는 두 쌍의 변이 평행한 사각형이다. 그러므로 직사각형은 평행사변형이다. 또한 중학수학에서 증명과 함께 배우는 것이지만 마름모도 평행사변형이다. 평행사변형의 조건을 약간 약하게 적용해, 마주하는 한 쌍의 변이 평행한 사각형을 사다리꼴이라고 한다. 이때 사다리꼴은 적어도 한 쌍의 변이 평행하다면 상관없다는 의미이기에 평행사변형은 사다리꼴이라는 점에 주의한다.

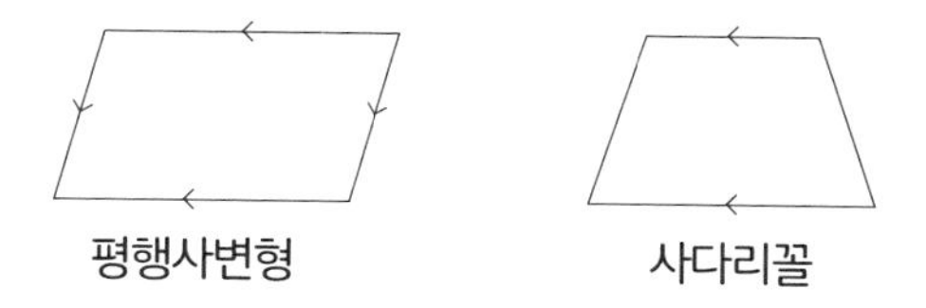

이런 다양한 사각형의 관계를 다음처럼 벤다이어그램으로 나타내면 시각적으로

도 이해할 수 있다.

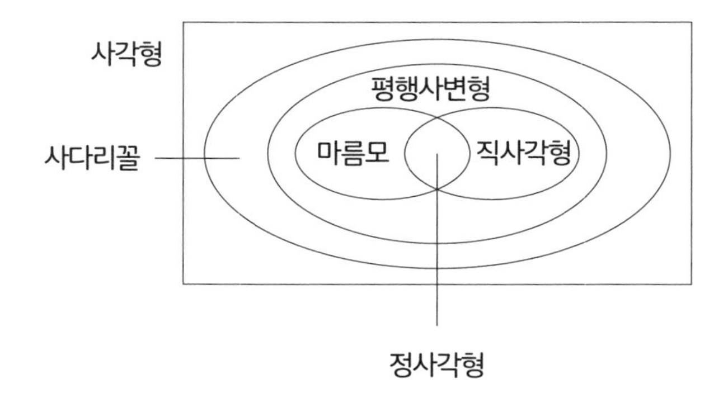

마지막으로 개념을 정리하는 문제를 풀어 보자.

예제

각각의 주장이 옳은지 틀린지를 답해라.

(1) 정사각형은 사다리꼴이다.

(2) 2개의 대각선이 수직으로 교차하는 사각형은 마름모다.

(3) 한 변이 2cm인 정삼각형 ABC의 둘레를 제외한 내부에 아무 점 5개를 찍으면 그 중 어느 두 점 사이의 거리(두 점을 이은 선분의 길이)는 1cm보다 짧아진다.

【해설】

(1) 위 벤다이어그램을 보더라도 분명하게 옳다. 참고로 예전에 저서인 『초등수학·수학을 잘하게 되는 책』(국내 미발간)에서 "정사각형도 사다리꼴이다"라고 적었던 적이 있고, 그에 대해 질문하는 전화가 출판사로 많이 걸려 왔었다.

(2) 아래 그림은 주장이 틀렸다는 예다.

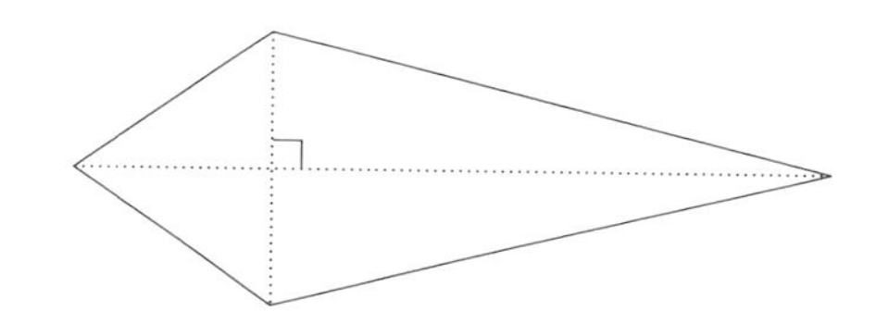

(3) 옳다. 그 이유를 설명하자면 다음과 같다.

정삼각형 ABC를 다음 페이지의 그림처럼 한 변이 1cm로 같은 크기인 4개의 정삼각형으로 나누었는데, 삼각형 ADF에서 변 AD와 AF의 선 위를 제외한 부분을 I(변 DF에서 점 D와 F를 제외한 부분은 I에 포함한다), 삼각형 BDE에서 변 BD와 BE의 선 위를 제외한 부분을 II(변 DE에서 점 D와 E를 제외한 부분은 II에 포함한다), 삼각형 CEF에서 변 CE와 CF의 선 위를 제외한 부분을 III(변 EF에서 점 E와 F를 제외한 부분은 III에 포함한다), 삼각형 DEF의 내부를 IV라고 하면 I, II, III, IV를 포함한 부분이 정삼각형 ABC의 내부와 일치한다.

그러므로 점 5개를 정삼각형 ABC 내부에 찍으면 점 5개를 I, II, III, IV의 네 부분에 찍는 것이 된다. 그래서 I, II, III, IV 중 어느 곳에는 2개의 점이 들어간다. 분명하게 그 두 점 사이의 거리는 1cm보다 짧다.

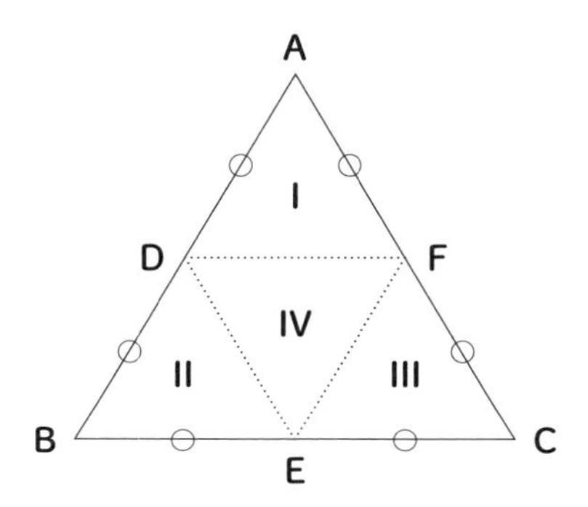

참고로 위에서 말했던 논법은 '비둘기집 원리'라고 부르며, 다양한 증명에 사용된다(둥지가 3개 있고, 비둘기 4마리가 둥지로 돌아오면 어떤 둥지에는 2마리 이상의 비둘기가 들어간다). 또한 예제(3)은 아주 예전에 히로시마대학교 입학시험에 출제되었던 문제다.

주사위 캐러멜

1927년 10월부터 메이지(구 메이지 제과)가 전국적으로 제조 판매했던 주사위 캐러멜이 있다. 2016년 3월에 전국에서 판매가 종료되었지만 생산 설비가 남아 있던 자회사 도난 식품이 그 해부터 '홋카이도 주사위 캐러멜'이라는 이름으로 제조 판매하고 있다.

옛날부터 먹는 용으로도, 노는 용으로도 주사위 캐러멜의 팬이었기 때문에, 도난 식품이 있는 하코다테까지 비행기를 타고 가서 그 상품의 수학적인 의의를 이야기하는 동영상을 만들기도 했다.

사례금을 일부러 0원으로 해주셨던 것도 있어서, 수학에 대해서 하고 싶은 이야기를 마음껏 할 수 있었다. 요점만 말하자면 실제로 주사위를 던져서 '같은 정도로 기대된다'라는 확률의 기본 개념을 배우는 것, 빈 상자를 사용해 전개도를 만들어 시행착오를 겪으면서 입체도형의 감각을 키우는 것, 등등을 이야기했다.

복습 문제

어떤 사람이 A지점을 출발해서 서쪽으로 500m 갔다가 북쪽으로 400m 간 다음 동쪽으로 100m를 갔는데 그 지점을 B라 한다. A지점에서 보면 B지점은 어느 방향에 있을까?

책상의 평평한 면 위에 정사각형 ABCD가 그려져 있다. 그 정사각형과 똑같은 크기의 정사각형을 하나의 면으로 하는 정육면체 주사위가 있다. 주사위의 밑면이 정사각형 ABCD 위에 딱 겹치도록 놓는 방법은 모두 몇 가지일까?

아래 그림을 보면 A지점에서 B지점은 북서쪽에 있다는 점을 알 수 있다.

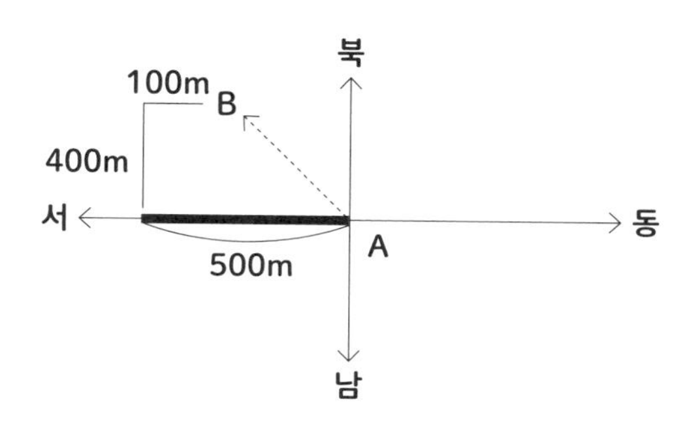

문제 2

해답

예를 들어, 주사위 1의 눈이 있는 면을 아래로 하고 정사각형 ABCD 위에 딱 놓는 경우의 수는 4가지가 있다. 경우의 수는 어떤 면이라도 같으므로 답은 아래와 같이 구할 수 있다.

$4 \times 6 = 24$ (가지)

2 다각형의 넓이

오각형 내각의 합은 몇 도일까

직각을 일반화해 아래 그림처럼 두 직선으로 만든 형태를 각이라고 한다. 그림에서 B는 두 직선이 교차하는 점이다. 각을 만드는 점 B를 일반적으로 '꼭짓점'이라고 한다. 또한 그림의 각은 각 ABC, 혹은 각 CBA라고 하며, 각각 기호를 사용해 ∠ABC, ∠CBA라고 적는다.

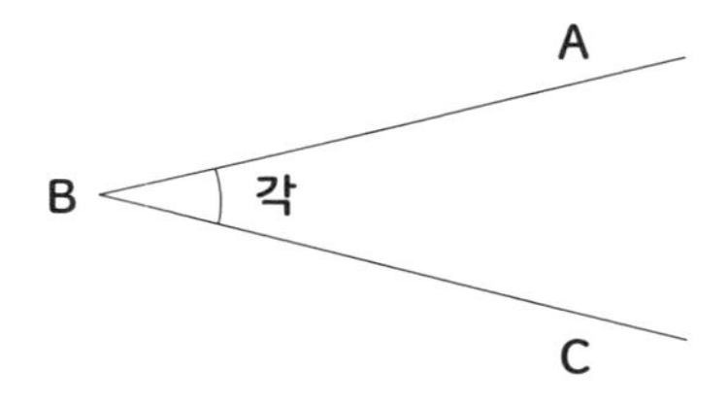

직각을 90으로 등분해 1°(도)라는 각의 크기를 정한다. 각의 크기를 '각도'라고 하며, 각도는 1°의 몇 배가 되는지를 생각한다. 참고로 두 삼각자의 각도는 아래 그림처럼 되어 있다.

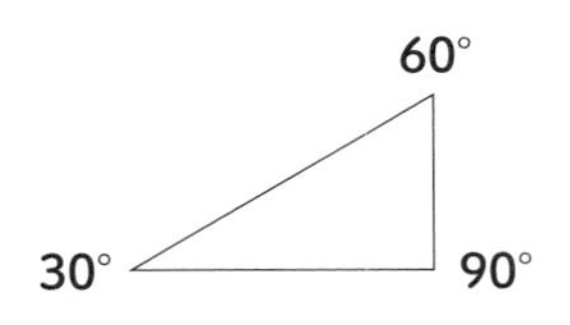

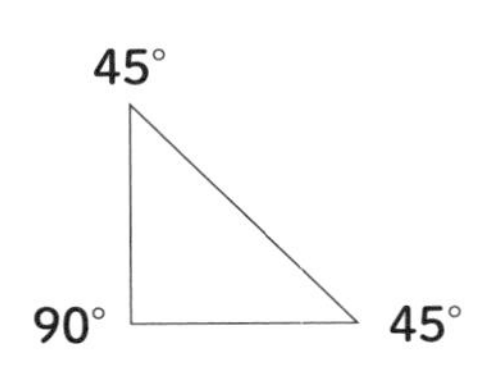

180°는 '평각'이라고 하며, 360°는 한 바퀴의 각도라고 한다. 참고로 360이라는 숫자는 기원전 바빌로니아 사람이 1년을 360일로 여긴 것에서 기원했다.

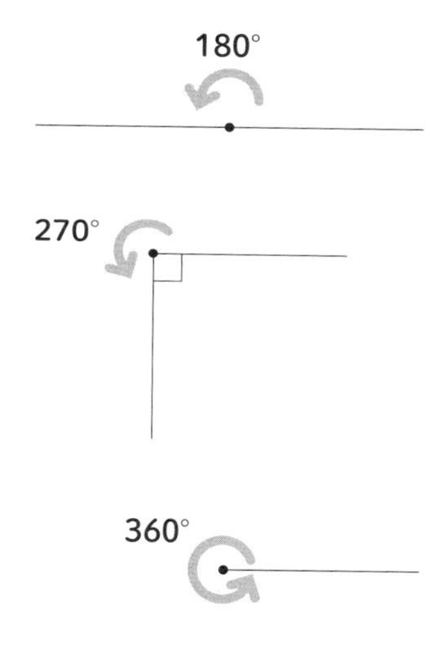

0°보다 크고 90°보다 작은 각도를 예각, 90°보다 크고 180°보다 작은 각도를 둔각이라고 한다. 세 각이 모두 예각인 삼각형을 예각삼각형, 둔각이 있는 삼각형을 둔각삼각형이라고 한다.

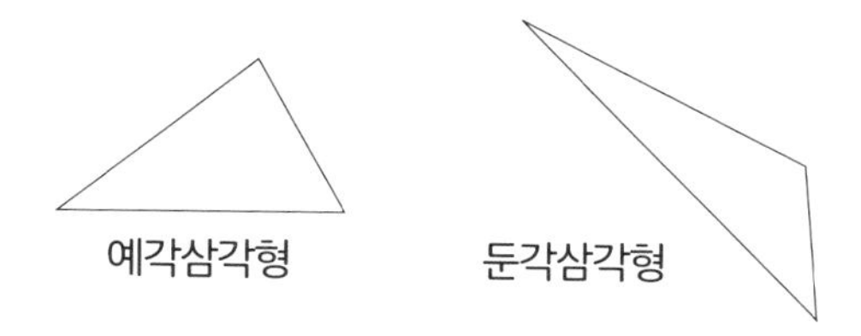

일반적으로 다각형의 각 꼭짓점 내부에 만들어지는 각을 특히 내각이라고 한다. 삼각형 내각의 합은 180°이라는 성질은 중요하지만, 초등수학 단계에서는 아래처럼 직관적인 설명에 의존하는 부분이 있다.

그 점에 관해서는 다양한 삼각형으로 시험해 보는 것이 중요하다.

삼각형 ABC를 포함한 다음 그림을 이용해 살펴보자. 점 A를 지나는 직선 ℓ은 변 BC에 평행한다. 또한 각 ABC와 각 BAD가 같고, 또 각 ACB와 각 CAE가 같다는 점은 각도기 같은 도구로 확인할 수 있다.

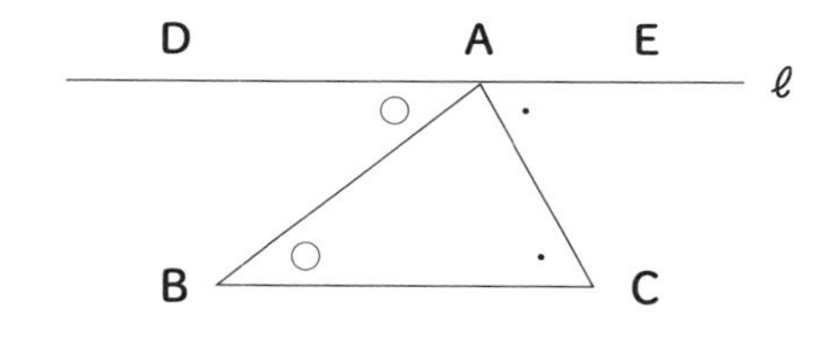

따라서 아래가 됨을 알 수 있다.

각 ABC + 각 ACB + 각 BAC

= 각 BAD + 각 CAE + 각 BAC

그래서 위 식에서 우변의 합은 각 DAE와 같으므로 각 DAE는 평각(180°)이 된다.

그 때문에 결국 다음을 도출할 수 있다.

$$각\ ABC + 각\ ACB + 각\ BAC = 180°$$

삼각형 내각의 합이 180°라는 것을 전제하면 다음 성질을 알 수 있다.

다각형 내각의 합

n이 3 이상의 정수일 때 n각형 내각의 합은 다음과 같다.

$$(n-2) \times 180°$$

이 성질에 대한 설명을 $n=5$인 경우의 그림으로 이해해 보자. 오각형의 내각만을 지나는 대각선(꼭짓점과 꼭짓점을 잇는 직선)을 2개 그으면 오각형 내각의 합은 세 삼각형의 내각의 합이라는 것을 알 수 있다. 그래서 오각형 내각의 합은 $3 \times 180°$다.

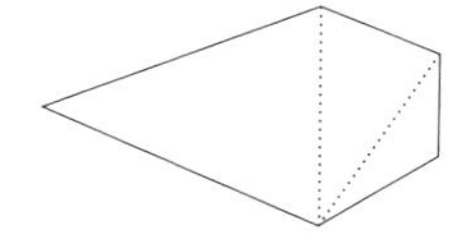

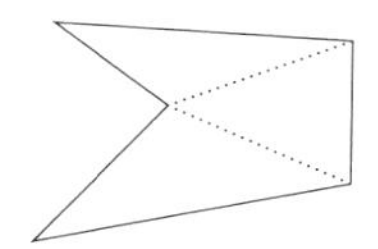

이제부터 다양한 도형의 넓이에 대해 생각해 보자.

예를 들어, 세로가 3cm, 가로가 4cm인 직사각형의 넓이는 한 변이 1cm인 정사각형이 총 몇 개 인지를 계산하면 되므로, 다음과 같다.

$3 \times 4 = 12$ (cm^2)

그리고 식의 의미를 제대로 적으면 아래와 같이 적을 수 있다.

$3cm \times 4cm = 12cm^2$

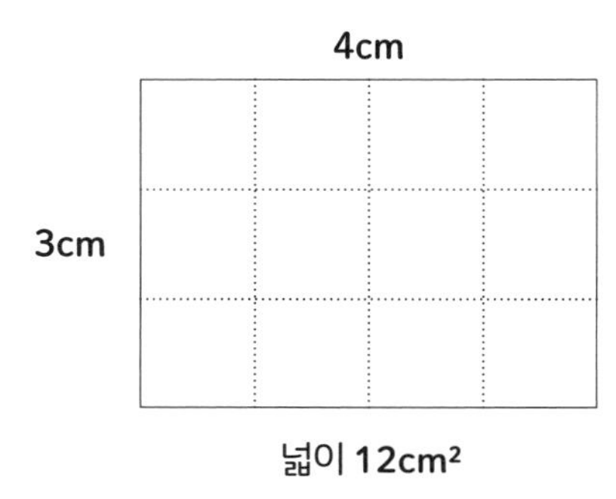

여기에서 이야기한 내용을 일반화하면 다음 공식이 성립한다.

직사각형의 넓이 = 세로 × 가로

다음에서는 평행사변형, 삼각형, 사다리꼴, 마름모 순으로 각각의 넓이를 구하는 공식을 설명한다. 또한 직관적인 이해를 통해서 논의를 쌓아가는 초등수학의 특징이 몇 가지 나타난다는 점에 유의하기 바란다.

그 부분은 중학수학을 배울 때 다듬어진다.

아래 그림에서 사각형 ABCD는 평행사변형이라고 한다. 점 B, 점 C에서 직선 AD로 수선을 긋고, 각각의 교점을 E와 F라고 한다.

또한 변 BC와 변 FC(EB)의 길이를 각각 평행사변형 ABCD의 '밑변'과 '높이'라고 한다.

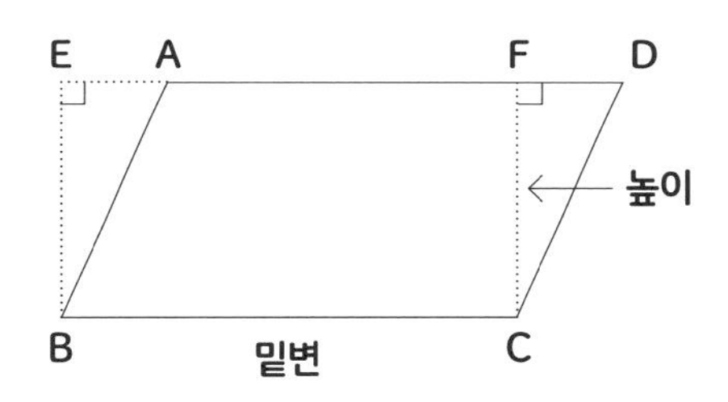

이때 변 FD를 직선 AD에 놓은 채로 삼각형 FCD를 왼쪽으로 이동시킨다. 그러면 옮긴 삼각형 FCD의 변 CD와 변 BA가 딱 겹친다. 이때 직각삼각형 FCD와 직각삼각형 EBA는 정확하게 겹치기 때문에 아래의 식이 성립한다.

평행사변형 ABCD의 넓이 = 직사각형 EBCF의 넓이

따라서 아래가 성립한다.

평행사변형 ABCD의 넓이 = 변 BC의 길이 × 변 FC의 길이

그러므로 다음 공식을 도출할 수 있다.

평행사변형의 넓이 = 밑변 × 높이

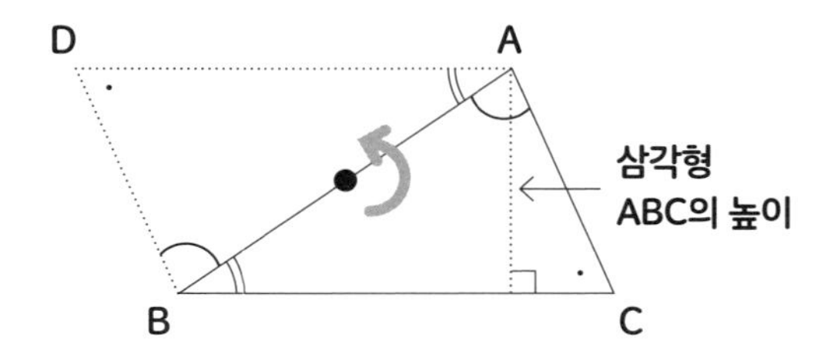

다음으로 위 그림을 참고해 삼각형 넓이에 대해 생각해 보자.

변 AB의 중점(가운뎃점)을 '●'로 표시하고, 그 점 '●'을 고정한 뒤 삼각형 ABC를 180° 회전시킨다.

그러면 A는 B, B는 A가 있는 곳으로 이동하게 된다. C가 이동한 곳을 점 D라고 하면 직선 BC와 직선 DA는 평행하게 되고, 직선 AC와 직선 DB도 평행하게 된다.

그러므로 사각형 ADBC는 평행사변형이 되고, 그 넓이는 삼각형 ABC 넓이의 2배가 된다. 그리고 평행사변형 ADBC의 밑변과 높이를 각각 삼각형 ABC의 '밑변'과 '높이'라고 하면 다음과 같다.

삼각형 ABC의 넓이 = 평행사변형 ADBC의 넓이 ÷ 2

= 삼각형 ABC의 밑변 × 삼각형 ABC의 높이 ÷ 2

그리고 다음의 공식을 도출할 수 있다.

삼각형의 넓이 = 밑변 × 높이 ÷ 2

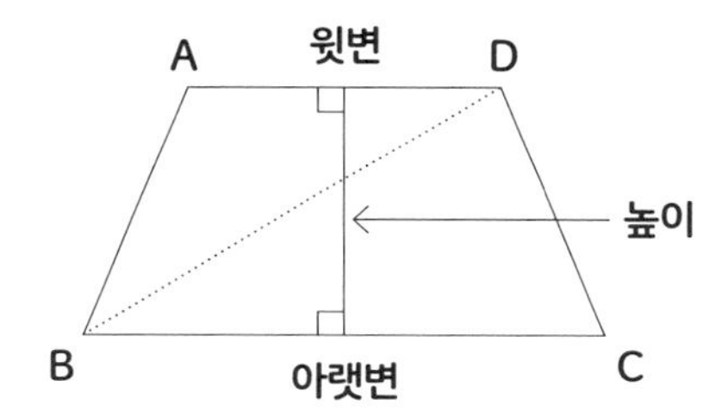

다음으로 위 그림을 참고해 사다리꼴의 넓이에 대해 알아보자.

위의 사각형 ABCD는 변 AD와 변 BC가 평행한 사다리꼴이다. 변 AD는 '윗변', 변 BC는 '아랫변', 둘의 공통된 수선의 길이를 사다리꼴의 '높이'라고 한다.

이때 대각선 BD를 그으면 사다리꼴 ABCD의 넓이는 삼각형 ABD와 삼각형 DBC 넓이의 합이 된다. 이에 따라 아래의 식이 성립한다.

삼각형 ABD 넓이

= AD × (AD를 밑변으로 할 때의 높이) ÷ 2

삼각형 DBC 넓이

= BC × (BC를 밑변으로 할 때의 높이) ÷ 2

위 두 식의 높이와 사다리꼴의 높이는 같다. 그러므로 아래 식을 도출할 수 있다.

사다리꼴 ABCD의 넓이

= AD × 높이 ÷ 2 + BC × 높이 ÷ 2

= (AD × 높이) ÷ 2 + (BC × 높이) ÷ 2

= (AD × 높이 + BC × 높이) ÷ 2

= (AD + BC) × 높이 ÷ 2

따라서 다음 공식을 얻을 수 있다.

사다리꼴의 넓이 = (윗변 + 아랫변) × 높이 ÷ 2

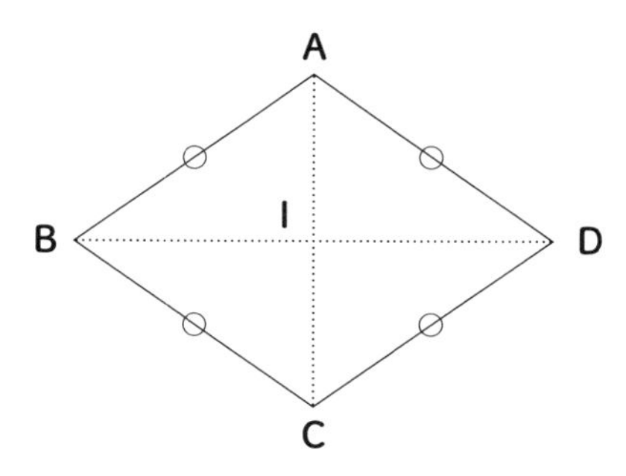

마지막으로 위 그림을 참고해 마름모의 넓이에 대해 생각해 보자.

위 사각형 ABCD는 마름모다. 마름모 ABCD를 대각선 BD를 따라 접으면 C와 A

는 일치하고, 대각선 AC를 따라 접으면 B와 D가 일치한다.

이 부분에서 컴퍼스를 이용하면 알기 쉽고 자세하게 설명할 수 있다. 마름모 변의 길이를 r이라고 할 때, 반지름이 r이고 B를 중심으로 하는 원과 반지름이 r이고 D를 중심으로 하는 원을 그린다. 두 원의 교점이 A와 C다.

그러므로 마름모꼴 ABCD를 대각선 BD를 따라 접으면 C와 A는 일치한다. 대각선 AC를 따라 접으면 B와 D가 일치하는 것도 마찬가지로 나타낼 수 있다.

이때 두 대각선의 교점을 I라고 할 때 위에서 이야기한 내용으로 아래를 알 수 있다.

$$\mathrm{AI} = \mathrm{IC}, \quad \mathrm{BI} = \mathrm{ID}$$

그래서 네 삼각형 ABI, BCI, CDI, AID는 모양도 크기도 같은 삼각형인 것을 알 수 있다.

그러므로 삼각형 4개의 넓이는 같고, 마름모 ABCD의 두 대각선은 수직으로 교차한다.

$$\begin{aligned}\text{직각삼각형 AID 의 넓이} &= \mathrm{AI} \times \mathrm{ID} \div 2 \\ &= (\mathrm{AC} \div 2) \times (\mathrm{BD} \div 2) \div 2 \\ &= \mathrm{AC} \times \mathrm{BD} \div 8\end{aligned}$$

특히 위와 같기 때문에 아래를 도출할 수 있다.

마름모꼴 ABCD의 넓이 = 직각삼각형 AID 의 넓이 × 4

= AC × BD ÷ 2

따라서 다음 공식을 얻을 수 있다.

마름모의 넓이 = 대각선 × 대각선 ÷ 2

그런데 그림의 점 I를 중심으로 마름모 ABCD를 180° 회전시키면 마름모 ABCD는 그 자신에 겹친다.

이는 마름모가 평행사변형이라는 것을 의미한다. 즉, 마름모의 넓이를 구할 때는 평행사변형의 넓이 공식을 이용해도 된다는 뜻이다.

이쯤에서 확대도와 축소도에 대해서 간단하게 훑어보자.

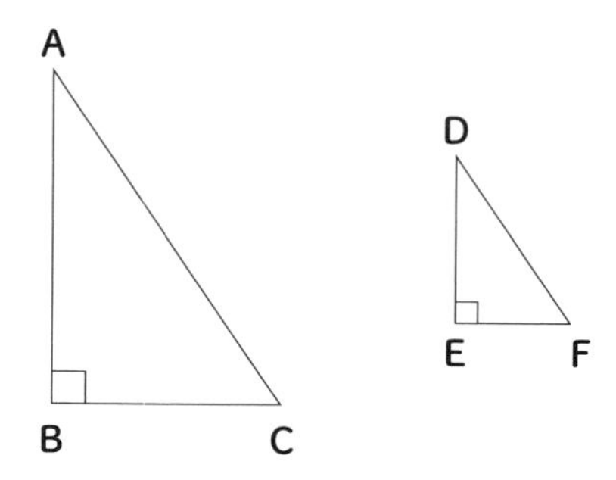

두 직각삼각형 ABC와 DEF에서 변 AB는 변 BC의 1.5배 길이이고, 변 DE도 변 EF의 1.5배 길이다. 따라서 두 삼각형은 같은 모양이다. 덧붙여 아래의 식이 성립한다.

$$AB = 2 \times DE, \quad BC = 2 \times EF, \quad CA = 2 \times FD$$

즉, 삼각형 ABC와 DEF는 모양이 같고, 삼각형 ABC 각 변의 길이는 삼각형 DEF의 대응하는 각 변의 길이의 2배다.

이처럼 두 도형 가와 나의 모양이 같고, 대응하는 두 점 간의 길이에 대해 가가 나의 △배, 나가 가의 $\frac{1}{\triangle}$ 배일 때, 가는 나의 '△배 확대도'라고 하고, 나는 가의 '$\frac{1}{\triangle}$ 배 축소도'라고 한다. 단, △는 1보다 크다.

중요한 것은 가가 나의 △배 확대도(나가 가의 $\frac{1}{\triangle}$ 배 축소도)일 때, 가의 넓이는 나의 넓이의 △배가 아니라는 것이다.

가가 나의 △배(나가 가의 $\frac{1}{\triangle}$ 배)라는 이야기는 어디까지나 대응하는 두 점 간의 길이에만 해당한다는 것에 주의하기 바란다.

축소도로 널리 응용되고 있는 것에는 지도가 있다. 옛날부터 등산할 때 자주 사용하는 '축척' 5만분의 1 지도는 실제 지리를 5만분의 1로 줄인 축소도다. 이 지도 위에서 두 점 간의 거리가 3cm인 경우, 실제 거리는 다음과 같다.

실제 거리 = 3cm × 50000

= 150000cm = 1500m

모눈종이 방식

아래 그림은 축척 1만분의 1인 지도 위에 그려진 호수다.

곡선으로 둘러싸인 호수의 실제 넓이를 구해 보자. 또한 그림에서 세로로 평행하게 세운 직선 4개는 1cm 간격(△)이고, 가로로 평행하게 세운 직선 3개도 1cm 간격(△)이다. 물론 세로 직선과 가로 직선은 모두 교차한다.

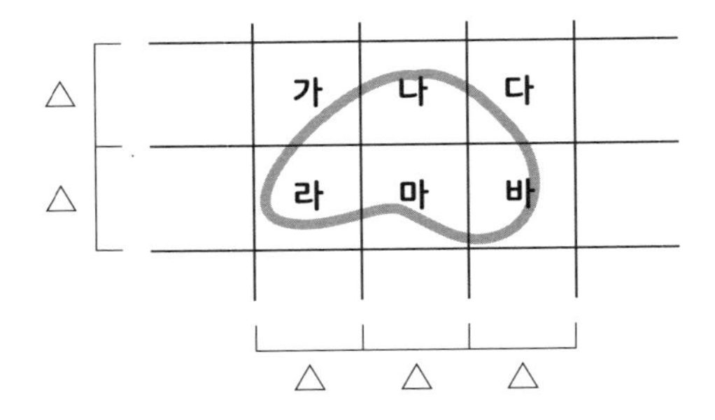

그림에서 가, 나, 다, 라, 마, 바는 모두 한 변이 1cm인 정사각형이다. 그리고 가, 나, 다, 라, 마, 바에서 각각 곡선에 둘러싸인 부분의 넓이를 눈대중으로 구하면 대략 다음과 같다.

가 …… $0.1cm^2$ **나** …… $0.7cm^2$

다 …… $0.1cm^2$ **라** …… $0.5cm^2$

마 …… $0.7cm^2$ **바** …… $0.4cm^2$

그림에서 곡선에 둘러싸인 부분의 대략적인 넓이는 다음과 같이 계산할 수 있다.

$$0.1 + 0.7 + 0.1 + 0.5 + 0.7 + 0.4 = 2.5\ (cm^2)$$

또한 1cm의 1만 배는 100m다. 따라서 호수의 실제 넓이는 다음과 같다.

$$2.5 \times 100 \times 100\ (m^2) = 25000\ (m^2)$$

다음으로 예제를 소개한다.

예제

그림에 나타낸 도형의 넓이를 구해라. 단, AB, DE, AD, DC, BC, BE, EC는 모두 선분이다.

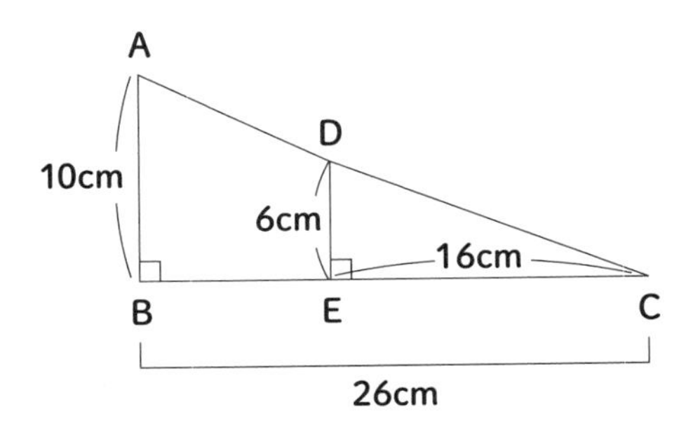

【해설】

먼저 다음과 같은 답은 틀렸다.

세로 10cm, 가로 26cm인 삼각형 ABC의 넓이를 계산하면 되기 때문에 답은 다음과 같다.

$$10 \times 26 \div 2 = 260 \div 2 = 130 \ (cm^2)$$

위의 답이 틀린 이유를 설명해 보자.

바깥쪽의 선분 AB, 선분 BE, 선분 EC, 선분 CD, 선분 DA로 둘러싸인 도형은 삼각형으로 보이지만 실제로는 삼각형이 아니다.

정확하게는 사다리꼴 ABED와 직각삼각형 DEC 넓이의 합을 구해야 한다. 계산하는 방법은 다음과 같다.

사다리꼴ABED의 넓이 $= (\text{윗변} + \text{아랫변}) \times \text{높이} \div 2$

$= (10 + 6) \times 10 \div 2$

$= 16 \times 10 \div 2 = 160 \div 2$

$= 80$ (cm²)

직각삼각형 DEC 의 넓이 $= \text{밑변} \times \text{높이} \div 2$

$= 16 \times 6 \div 2 = 96 \div 2 = 48$ (cm²)

그러므로 정답은 다음과 같다.

사다리꼴ABED의 넓이 + 직각삼각형 DEC 의 넓이

$= 80 + 48 = 128$ (cm²)

예제에서 주어진 그림을 정확하게 그리면 바깥 둘레의 도형은 삼각형이 아니라는 점을 바로 알 수 있다.

대체로 도형 문제에서는 그림을 정확하게 그리는 것이 중요하고, 특히 각도를 구하는 문제에서는 그림을 정확하게 그리면 정답을 먼저 알 수 있는 경우가 많다.

물론 그 후에 정답을 도출하는 논리적인 문장을 적을 필요는 있다.

복습 문제

세로 4cm, 가로 6cm인 직사각형 ABCD 안에 세 삼각형 ❶, ❷, ❸이 그림처럼 있다. 세 삼각형의 총넓이를 구해라. 단, 모든 삼각형의 꼭짓점은 변 AD 위에 있고, 모든 삼각형의 밑변도 변 BC 위에 있어서 세 밑변을 합치면 딱 변 BC와 일치한다.

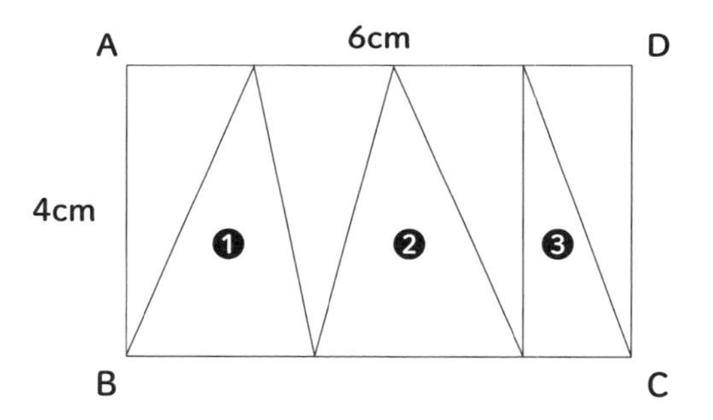

다음 그림처럼 한 변이 4cm인 정사각형 ABCD 안에 있는 육각형 EFGHIJ의 넓이를 구해라. 단, 점 E는 변 AD 위에 있고, 점 F와 점 G는 변 AB 위에 있고, 점 H는 변 BC 위에 있고, 점 I와 점 J는 변 CD 위에 있다.

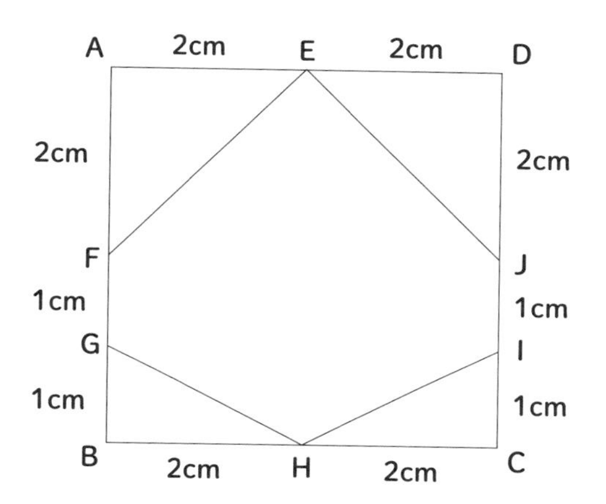

축척이 10만분의 1인 지도 위에 문제2와 동일한 육각형 EFGHIJ 모양인 토지가 있을 때, 그 실제 넓이는 몇 km^2일까?

❶의 넓이 = ❶의 밑변 × AB ÷ 2

❷의 넓이 = ❷의 밑변 × AB ÷ 2

❸의 넓이 = ❸의 밑변 × AB ÷ 2

그러므로 아래처럼 구할 수 있다.

구하려는 넓이 = (❶의 밑변 + ❷의 밑변 + ❸의 밑변) × AB ÷ 2

= BC × AB ÷ 2

= 6 × 4 ÷ 2 = 12 (cm^2)

아래와 같이 답을 얻을 수 있다.

육각형 EFGHIJ 의 넓이

= 정사각형 ABCD 의 넓이 − 삼각형 AFE 의 넓이

− 삼각형 GBH 의 넓이 − 삼각형 IHC 의 넓이 − 삼각형 DEJ 의 넓이

= 4 × 4 − 2 × 2 ÷ 2 − 2 × 1 ÷ 2 − 2 × 1 ÷ 2 − 2 × 2 ÷ 2

= 16 − 2 − 1 − 1 − 2 = 10 (cm^2)

지도 위에 한 변이 1cm인 정사각형이 있을 때, 그 실제 토지 넓이는 다음과 같다.

$$10\text{만 cm} \times 10\text{만 cm} = 1000\text{m} \times 1000\text{m}$$

$$= 1\text{km} \times 1\text{km} = 1\text{km}^2$$

따라서 육각형 EFGHIJ의 실제 토지 넓이는 10km^2다.

3 원의 넓이

왜 '반지름×반지름×π'일까

맨홀 뚜껑, 차바퀴, 밥그릇, 단추 등 다양한 곳에서 사용되는 원에 대해 알아보자. 평면 위의 점 O부터 동일한 거리 r(cm)에 있는 점들의 모임을 원이라고 하고, O를 원의 중심, 원의 둘레를 원주, 중심 O에서 원주 위에 있는 점까지의 선분을 반지름, 원주의 점에서 다른 원주의 점까지의 선분 중 중심을 지나는 선분을 지름이라고 한다. 그리고 원주, 반지름, 지름은 각각의 길이를 나타내는 표현이 있다. 그래서 아래와 같이 나타낸다.

반지름 = r (cm)　　　지름 = $2 \times r$ (cm)

참고로 잘 알고 있겠지만 컴퍼스는 원을 그리는 도구다.

원주율은 다음과 같이 정의하고, π라고 적는다.

원주율 = 원주 ÷ 지름

그리고 π는 아래와 같이 무리수(유리수가 아닌 무한소수)라는 것이 알려져 있다.

$$\pi = 3.141592\cdots\cdots$$

초등수학이나 응용 계산에서는 π 대신에 일반적으로 근삿값인 3.14를 이용한다. "원주율의 정의가 뭘까요?" 하고 물으면 종종 "3.14예요"라고 틀린 답을 말하는 사람이 있는데, 주의해야 한다.

원을 2개의 반지름으로 자른 모양을 '부채꼴'이라고 하고, 부채꼴에서 반지름 사이의 각을 '중심각'이라고 한다.

또한 원주 위의 두 점을 양 끝으로 이은 선분을 현, 그 두 점을 연결하는 원주 위의 곡선을(현에 대응하는) 호라고 한다(현에 대응하는 호는 2개 있다).

물론 부채꼴의 중심과 반지름은 원의 중심과 반지름과 동일하다.

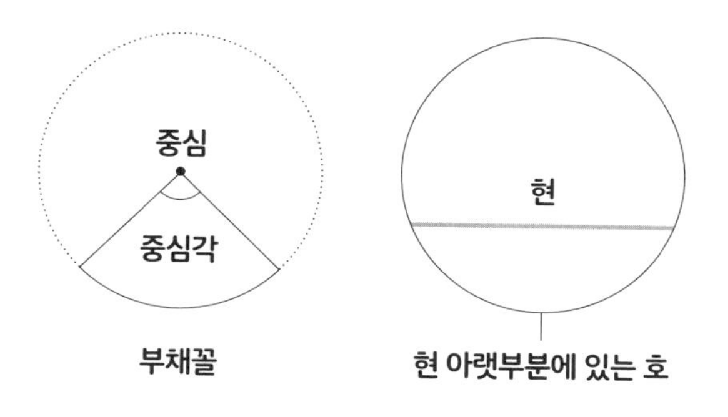

이제부터 엄밀성은 부족하겠지만 원의 넓이 공식을 직관적으로 설명하겠다.

원의 넓이 공식 원의 넓이 = 반지름 × 반지름 × 원주율

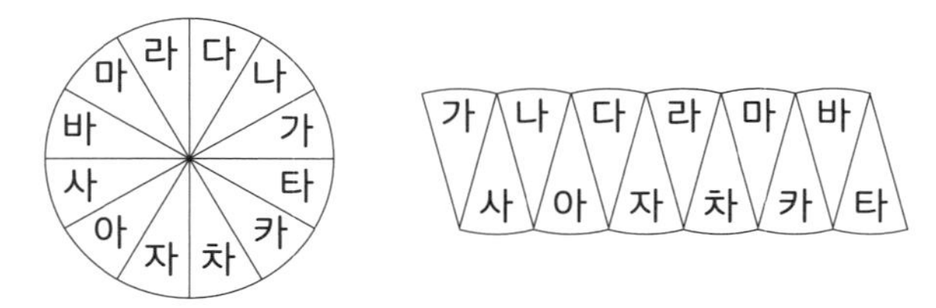

그림은 원을 중심각이 30°인 부채꼴 12개로 나누고, 나눈 조각을 번갈아 가며 위 아래를 뒤집어 붙인 것이다. 그 조각을 중심각이 15°인 부채꼴 24개, 중심각이 7.5°인 부채꼴 48개. ……와 같은 방식으로 계속 중심각을 작게 자르면 오른쪽 도형 모양은 세로가 반지름, 가로가 아래 식과 같은 직사각형에 가까워진다는 점을 알 수 있다.

원주의 절반 = 지름 × 원주율 ÷ 2 = 반지름 × 원주율

이 식에서 아래의 공식이 성립함을 이해할 수 있다.

원의 넓이 = 반지름 × 반지름 × 원주율

또한 부채꼴의 넓이는 원의 넓이 공식에서 바로 도출할 수 있다.

중심각이 △°인 부채꼴의 넓이는 원을 360개로 등분한 것 중 △개분이라고 가정하면 다음과 같이 식을 세울 수 있다.

$$
\begin{aligned}
\text{부채꼴의 넓이} &= \text{반지름} \times \text{반지름} \times \text{원주율} \div 360 \times \triangle \\
&= \text{반지름} \times \text{반지름} \times \text{원주율} \times \frac{\triangle}{360}
\end{aligned}
$$

그런데 원의 넓이 공식의 엄밀한 증명에 대해 종종 "고등수학에서 배우는 적분을 사용하면 증명할 수 있다"라고 말하는 사람이 있다. 하지만 그 설명 방법에는 큰 결함이 숨어 있다. 이 설명에서는 삼각함수의 미적분의 출발점에 있는 극한에 관한 공식을 이용한다.

그런데 이 공식의 증명은 부채꼴의 넓이 공식, 즉 원의 넓이 공식을 이용한다. 그러므로 원의 넓이 공식에서 원의 넓이 공식을 도출하는 '순환논법'에 빠지기 때문에 중대한 결함이 있는 논법이다. 그래서 순환논법에 빠지지 않고 원의 넓이 공식을 엄밀하게 구하는 증명이 필요하다.

극한에 관한 엄밀한 증명에서 시작해 기원전 아르키메데스의 '구분구적법'을 소개하는 형태로, 순환논법에 빠지지 않는 원의 넓이 공식의 증명을 저서 『새로운 체계로 배우는 대학수학 입문 교과서(상)』(국내 미발간)에서 깔끔하게 설명했다. 입체도형을 포함해 원에 관련된 도형의 넓이나 부피를 구하는 다양한 공식은 모두 '원의 넓이 공식'을 기반으로 하는 만큼 그 엄밀한 증명을 주제로 다루었다.

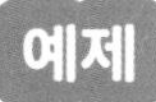

뢸로 삼각형

예전에 유명한 IT기업 입사 시험에서 "맨홀 뚜껑은 왜 원 모양인가?" 하는 문제가 나왔다고 한다.

원형인 맨홀 구멍의 지름을 $a$cm, 맨홀 뚜껑의 지름을 $b$cm라고 하자.

맨홀 뚜껑을 그 구멍 위에 겹쳐 놓는다고 생각하면 b는 a보다 커야 한다. b가 a보다 작으면 맨홀 뚜껑은 원형 구멍 안으로 떨어져 버리기 때문이다.

반대로 만약 맨홀 뚜껑을 입체적으로 이리저리 움직여서 원형 구멍에 통과시킬 수 있다면 맨홀 뚜껑의 지름이 구멍을 통과하는 순간이 있다. 그것은 곧 b가 a 이하임을 의미한다.

위에서 이야기한 내용은 원의 성질을 이용한 것인데, 자동차와 열차 바퀴를 봐도 알 수 있듯이 위아래 폭을 일정하게 유지하며 판자를 이동시킬 때도 원의 성질을 이용한다.

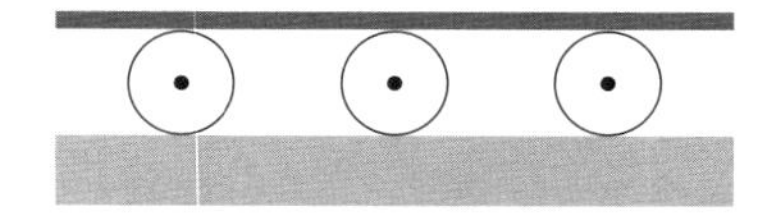

그렇다면 맨홀과 차바퀴에서 보이는 성질을 가진 도형은 원뿐일까?

사실 '뢸로 삼각형'이라는 도형이 있는데, 뢸로 삼각형은 맨홀과 차바퀴에서 보이는 성질을 가지고 있다. 아래의 왼쪽 그림은 한 변이 $a$cm인 정삼각형의 각 꼭짓점에서 반지름 $a$cm인 호를 그려 완성한 뢸로 삼각형이다.

오른쪽 그림에 있는 점선처럼 기존 뢸로 삼각형보다 안쪽에 있는 점만으로 구성해 기존 도형과 같은 모양으로 구멍을 만들면 기존 뢸로 삼각형은 구부리지 않는 이상 이리저리 움직여도 그 구멍을 통과할 수 없다.

게다가 같은 모양의 뢸로 삼각형 여러 개 위에 놓인 판자는 다음 그림처럼 이동시켜도 원과 똑같이 위아래 폭이 일정하게 유지된다.

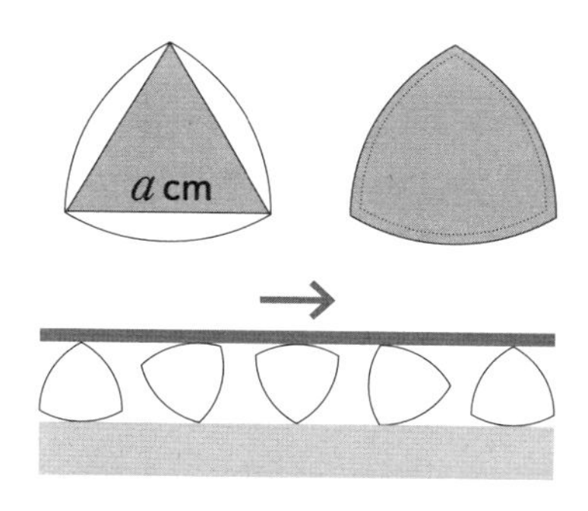

다음에서 예제 2개를 소개한다(두 번째 문제는 조금 어렵다).

예제

다음 그림처럼 한 변이 8cm인 정사각형 ABCD 안에 반원이 4개 있다. 반원이 겹쳐진 부분의 넓이를 구해라. 단, 원주율은 근삿값인 3.14가 아니라 π를 이용한다.

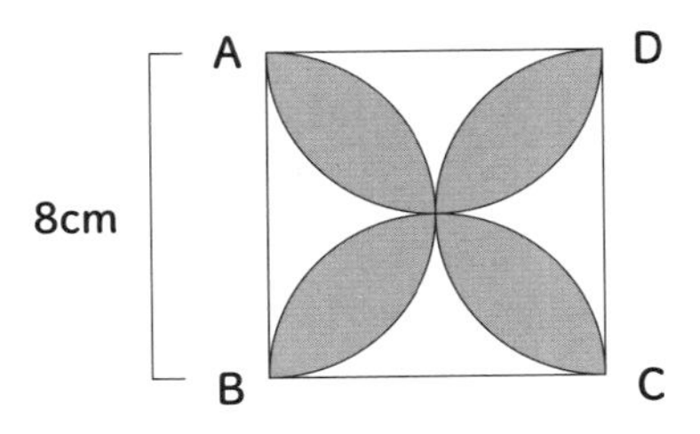

【해설】

아래처럼 계산하면 구하려는 넓이를 알 수 있다.

반원 1개의 넓이 $= 4 \times 4 \times \pi \div 2 = 8 \times \pi$ (cm^2)

구하려는 부분의 넓이 = 네 반원 넓이의 총합 − 정사각형 ABCD의 넓이

$= 4 \times 8 \times \pi - 8 \times 8$

$= 32 \times \pi - 64$ (cm^2)

예제

한 변이 1인 정사각형에서 각 꼭짓점을 중심으로 지름이 1인 원을 4개 그리면 정사각형 안쪽에는 빗금으로 표시한 도형이 생긴다. 이 도형의 넓이를 구해라. 단 한 변이 1인 정삼각형의 높이를 h라고 하고, h와 π를 사용해 답을 나타내기로 한다

(참고로 중학수학에서는 $h = (\sqrt{3}) \div 2$라는 내용을 배운다).

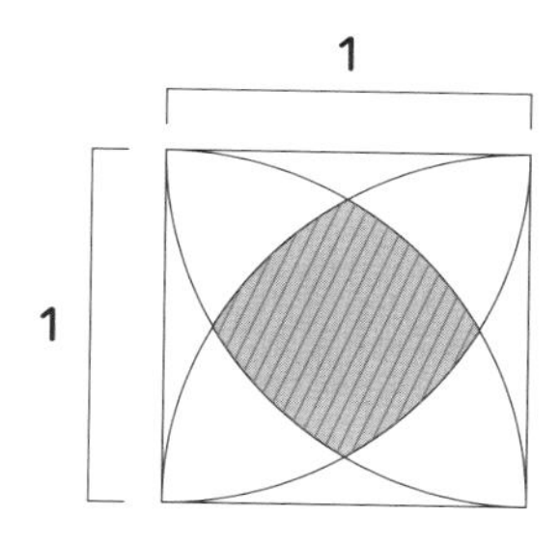

【해설】

문제의 그림을 다음과 같이 다시 그려보면 아래의 식이 성립함을 알 수 있다.

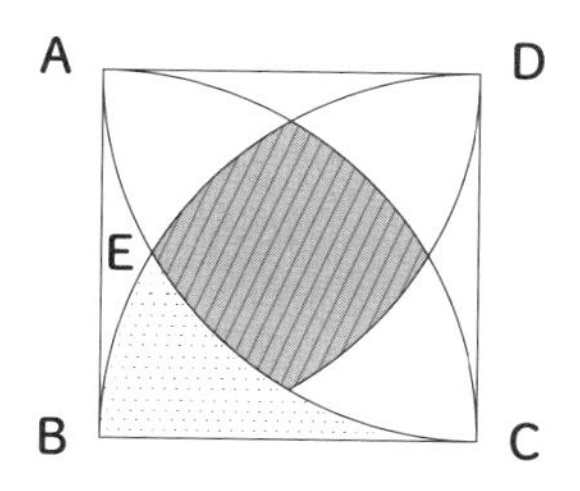

빗금으로 칠한 부분의 넓이

= 정사각형 넓이 − 4 × (점으로 표시한 부분의 넓이)

또한 삼각형 ECD는 한 변이 1인 정삼각형이기 때문에 아래처럼 계산한다.

각 ECB = 각 BCD − 각 ECD = 90° − 60° = 30°

따라서 다음 식이 성립한다.

점 C를 중심으로 한 부채꼴 EBC의 넓이

$$= 1 \times 1 \times \pi \times \frac{30}{360} = \pi \div 12 = \frac{1}{12} \times \pi$$

그래서 아래처럼 도출할 수 있다.

점으로 표시한 부분의 넓이

= 점 C를 중심으로 한 부채꼴 EBC의 넓이

- 호 EC와 현 EC 사이에 끼인 부분의 넓이

= 점 C를 중심으로 한 부채꼴 EBC의 넓이

- (점 D를 중심으로 한 부채꼴 ECD의 넓이 - 정삼각형 ECD의 넓이)

$$= \frac{1}{12} \times \pi - \left(1 \times 1 \times \pi \times \frac{1}{6} - 1 \times h \times \frac{1}{2}\right)$$

$$= \frac{1}{12} \times \pi - \frac{1}{6} \times \pi + \frac{1}{2} \times h$$

$$= \frac{1}{2} \times h - \frac{1}{12} \times \pi$$

이에 따라 구하려는 넓이를 얻을 수 있다.

구하려는 넓이

$$=1\times1-4\times\left(\frac{1}{2}\times h-\frac{1}{12}\times\pi\right)$$

$$=1-2\times h+\frac{1}{3}\times\pi$$

복습 문제

도형의 바깥쪽은 한 변이 2cm인 정사각형이다. 그 정사각형에 내접하는 원에 내접하는 정사각형의 넓이를 구해라. 안쪽에 있는 정사각형을 회전해 보면 힌트를 얻을 수 있다.

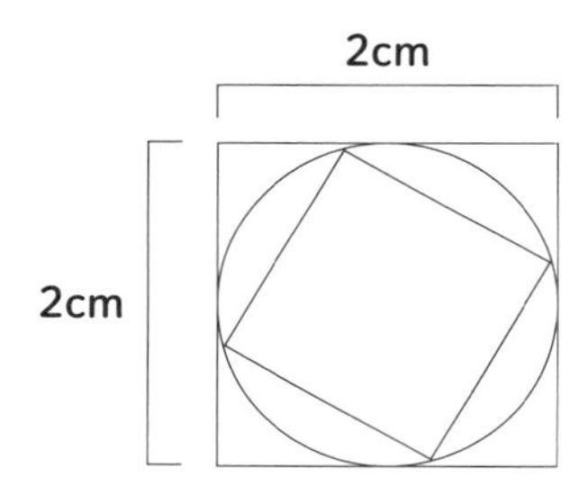

아래 그림처럼 한 변이 8cm인 정사각형 안에 반원 2개가 있다. 반지름이 모두 4cm이고 한 원의 중심은 변 BC의 중점, 다른 원의 중심은 변 CD의 중점이다. 이때 회색 부분의 넓이를 구해라. 단, 원주율은 π를 이용한다.

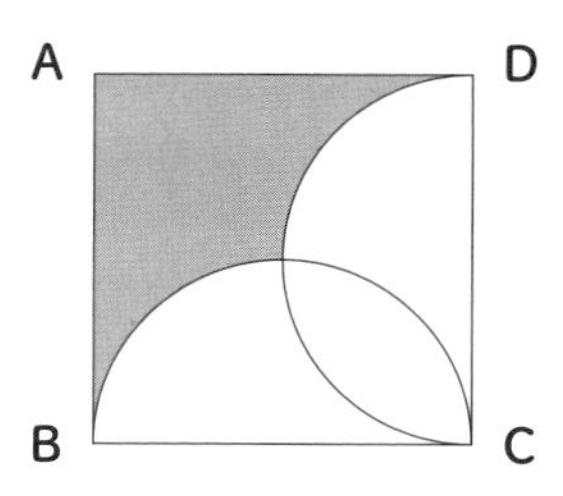

문제 1

해답

안쪽에 있는 정사각형을 아래 그림의 위치가 되도록 회전시켜 본다. 회전시키면 바깥쪽의 정사각형 안에는 한 변이 1cm인 정사각형 4개가 생기고, 각각의 작은 정사각형은 대각선에 따라 절반으로 나뉘는 것에 주목한다. 따라서 구하려는 넓이는 아래와 같음을 알 수 있다.

$$4 \times (1 \times 1 \div 2) = 2 \ (\text{cm}^2)$$

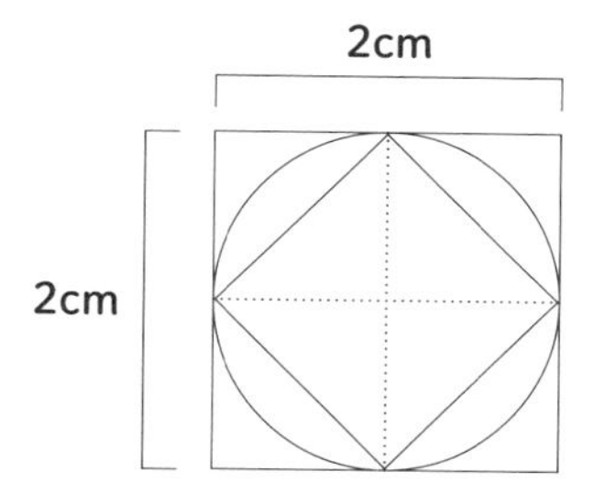

본문의 첫 번째 예제를 참고하면 반원 2개를 겹친 부분의 넓이는 다음과 같음을 알 수 있다.

$$(32 \times \pi - 64) \div 4 = 8 \times \pi - 16 \text{ (cm}^2\text{)} \quad \cdots\cdots (*)$$

그러므로 회색 부분의 넓이는 정사각형 ABCD의 넓이에서 [두 반원 넓이의 총합]을 빼고 (*)를 더하면 된다.

따라서 구하려는 넓이를 얻을 수 있다.

$$\begin{aligned} \text{구하려는 넓이} &= 64 - 4 \times 4 \times \pi + 8 \times \pi - 16 \\ &= 48 - 8 \times \pi \text{ (cm}^2\text{)} \end{aligned}$$

4 입체도형

원뿔의 부피 공식에 $\frac{1}{3}$ 이 들어가는 이유

먼저 1957년 오사카대학교의 입학시험 문제 중 하나를 소개한다.

예제

공간에 서로 다른 3개의 직선 l, m, n이 있고, 이 중 어느 2개의 직선을 골라도 서로 교차한다고 할 때, 교점의 개수를 구해라.

【해설】

'공간'이라는 말을 듣기만 해도 긴장하는 사람이 있는 듯하지만 냉정하게 생각하면 쉬운 문제다. l과 m의 교점을 P라고 할 때, n이 P를 지나면 답은 1개다.

n이 P를 지나지 않을 때 n과 l의 교점을 Q, n과 m의 교점을 R이라고 하면, Q와 R은 서로 다르다. Q = R이라면 l과 m 둘 다 P와 Q를 지나는 것이 되므로 $l = m$이라는 모순이 생기기 때문이다.

따라서 교점의 개수는 1개 또는 3개다.

옛날에 학생들에게 이 문제를 냈을 때 '1개'인 경우를 생각하지 못하고 '3개'라고 오답을 적는 학생이 다수 있었다.

참고로 교점이 3개인 경우에는 3개의 직선이 하나의 평면 위에 있지만 교점이 1개인 경우에는 입체도형으로 3개의 직선을 파악해야 한다. 그만큼 입체도형은 다루기 어렵다.

입체도형에서 자주 거론되는 도형으로는 '다면체'가 있다.

다면체는 (평면) 다각형의 면만으로 둘러싸인 입체로, 잘 알려진 도형은 아래와 같다. 또한, 정육면체는 특수한 직육면체다.

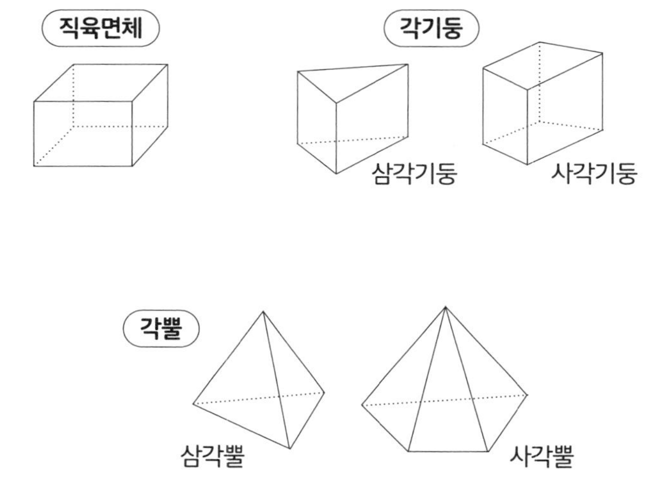

입체도형을 나타내는 방법은 겨냥도, 투영도, 전개도, 평면으로 자른 단면 등으로 다양하다.

178페이지에는 정육면체의 전개도 목록을 제시했는데, 그 목록을 포함해 다음의 입체도형 전개도도 자주 사용된다.

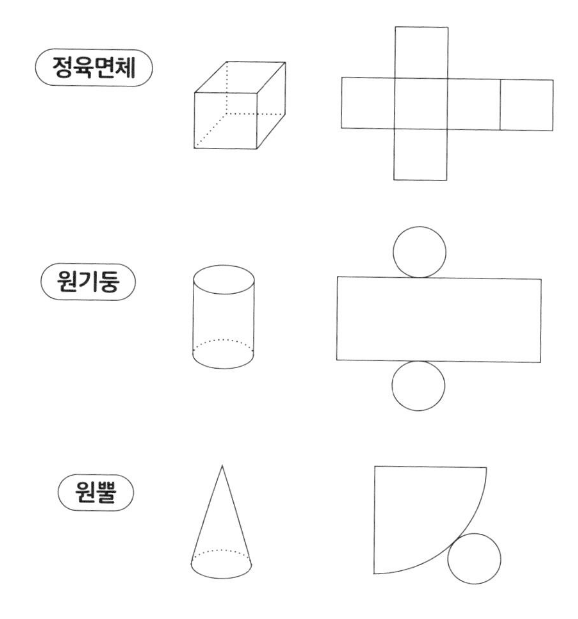

한편, 초등수학에서 다루는 입체도형 중에 구는 전개도를 그릴 수 없다. 물론 메르카토르 도법[1]도 있지만 장소에 따라 배율이 크게 달라진다.

하지만 메르카토르 도법만 배운 아이들 중에는 '비행기의 비행 루트는 왜(메르카토르 도법 위에서) 곡선일까?' 하는 의문을 가지는 아이들이 적지 않다.

의문에 대한 답으로 초등수학에서는 배우지 않는 '대원(大圓)'을 소개한다.

구면 위에 2개의 점 A와 B를 찍었을 때, A, B, 중심점 총 세 점으로 정해지는 평면

---

1 구면의 각은 유지하지만, 극지방으로 갈수록 면적이 크게 왜곡되는 지도 투영법이다.

으로 구를 잘라서 생긴 원을 A와 B를 지나는 '대원'이라고 한다.

사실 A에서 B까지 구면 위를 이동할 때의 최단 거리 루트는 이 대원이 결정하며, 항공기의 비행 루트를 결정하는 데 도움이 되고 있다.

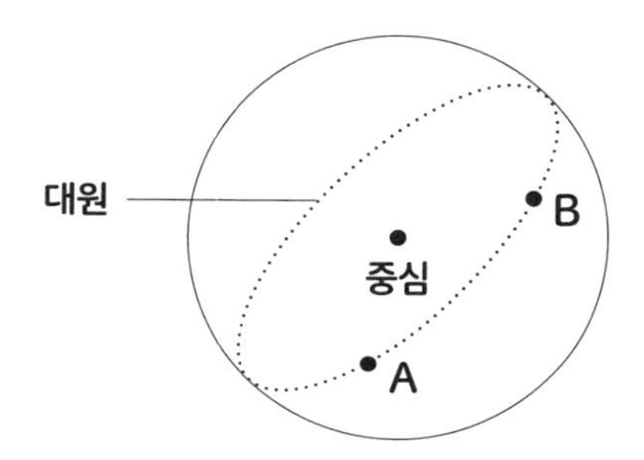

메르카토르 도법으로 지도 위에 대원을 그리면 '곡선'이 되는 것이 일반적이다.

직육면체는 각 면이 직사각형 모양을 한 6개의 면으로 둘러싸인 입체이며, 마주 보는 면은 평행한다.

공간에서 두 평면이 '평행'한다는 것은 두 평면이 동일한 직선과 수직일 때를 말하는데, 이때 두 평면이 교차하는 일은 없다.

또한 직선 ℓ이 평면과 '수직'한다는 것은 오른쪽 그림처럼 직선과 평면이 교차하고 평면 위에 있는 교점을 지나는 어떤 직선과도 ℓ이 수직인 경우를 말한다.

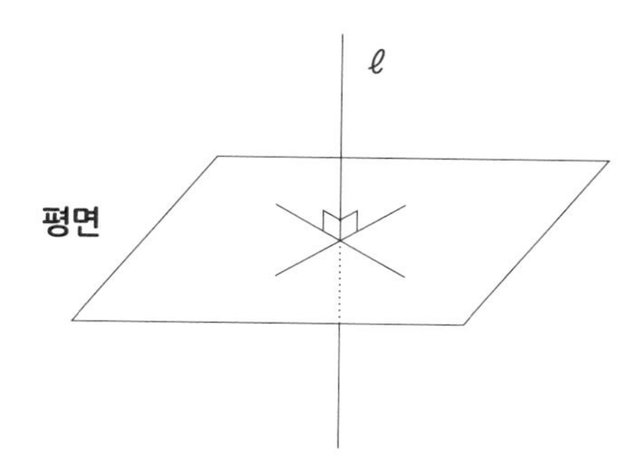

공간에서 두 직선이 '평행'한다는 것은 두 직선이 같은 평면 위에 있고 그 평면 위에서 평행한 경우를 말한다.

물론 두 직선이 같은 평면 위에 있고 평행하지 않은 경우, 두 직선은 교차한다. 또한 공간에서 두 직선이 같은 평면 위에 있지 않아서 서로 평행하지도 만나지도 않을 경우, 두 직선을 '꼬인 위치'에 있다고 말한다.

공간에서 두 평면 P와 Q가 교차할 때 두 평면이 '만드는 각'(이루는 각)이란 다음 페이지처럼 구한 각을 말한다.

두 평면이 교차해 생긴 직선을 ℓ이라 하고, 직선 ℓ 위에 임의의 점 O를 찍고 평면 P 위에 직선 AO와 ℓ이 수직이 되는 점 A를 찍고 평면 Q 위에 직선 BO와 ℓ가 수직이 되는 점 B를 찍는다.

이때 $\angle$AOB를 평면 P와 평면 Q가 '만드는 각'(이루는 각)이라고 한다(다음 페이지 그림 참고). 특히 그 각이 90°일 때 평면 P와 평면 Q는 수직한다.

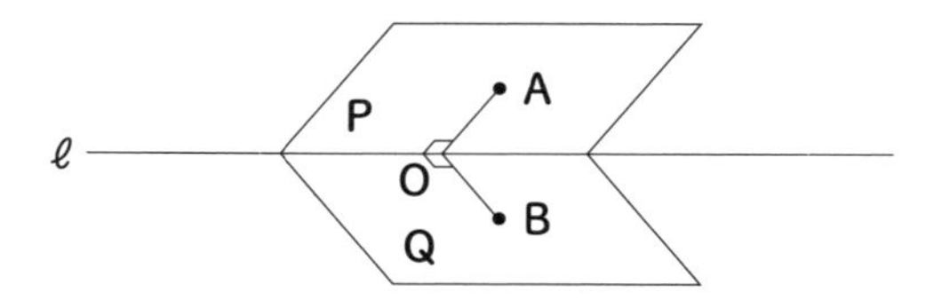

다음으로 입체도형의 겉넓이와 부피에 대해 생각해 보자. 주요 입체도형의 겉넓이는 구를 제외하고는 전개도에 따라 계산하면 된다.

부피를 예로 들어 보자. 세로가 3cm, 가로가 4cm, 높이가 2cm인 직육면체의 부피는 다음과 같다.

$$3 \times 4 \times 2 = 24 \ (\mathrm{cm}^3)$$

그리고 식의 의미를 제대로 적자는 의미에서 다음과 같이 적을 수 있다.

$$3\mathrm{cm} \times 4\mathrm{cm} \times 2\mathrm{cm} = 24\mathrm{cm}^3$$

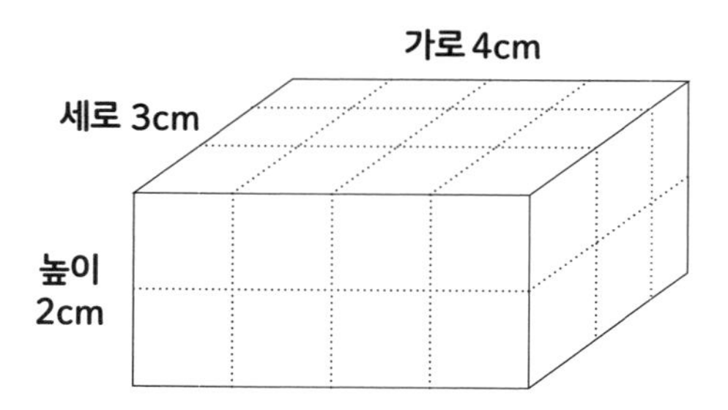

이것을 일반화하면 다음 공식이 성립한다.

직육면체의 부피 = 세로 × 가로 × 높이 = 밑면의 넓이 × 높이

같은 방식으로 다음의 공식이 성립한다.

각기둥과 원기둥의 부피 = 밑면의 넓이 × 높이

단, 각기둥과 원기둥의 아랫면과 윗면은 평행한다.

다루어야 하는 공식 중 남은 것은 아래 4가지다.

각뿔의 부피 = $\frac{1}{3}$ × 밑면의 넓이 × 높이

원뿔의 부피 = $\frac{1}{3}$ × 밑면의 넓이 × 높이

구의 부피 = $\frac{4}{3}$ × π × 반지름 × 반지름 × 반지름

구의 겉넓이 = 4 × π × 반지름 × 반지름

이때 원뿔과 각뿔의 '높이'는 다음과 같이 정의한다.

원뿔에서는 꼭짓점 A에서 밑면에 수선 ℓ을 그었을 때, ℓ과 밑면의 교점을 B라고 하면 선분 AB의 길이를 '높이'라고 한다.

단, 초등수학에서 B는 밑면 원의 중심이 되는 것에 주의한다.

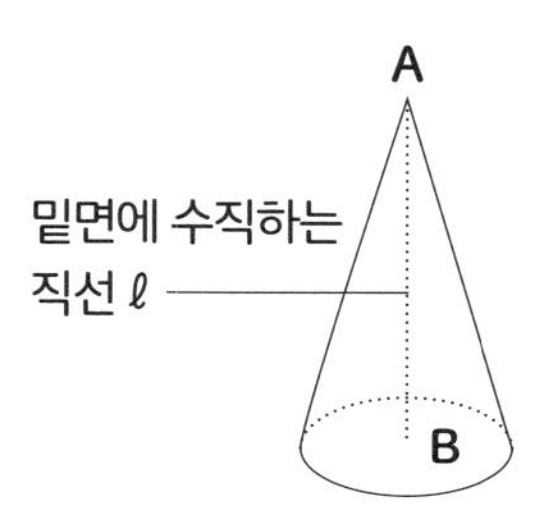

각뿔의 '높이'도 똑같이 정하는데 다음과 같은 도형도 포함됨에 주의한다.

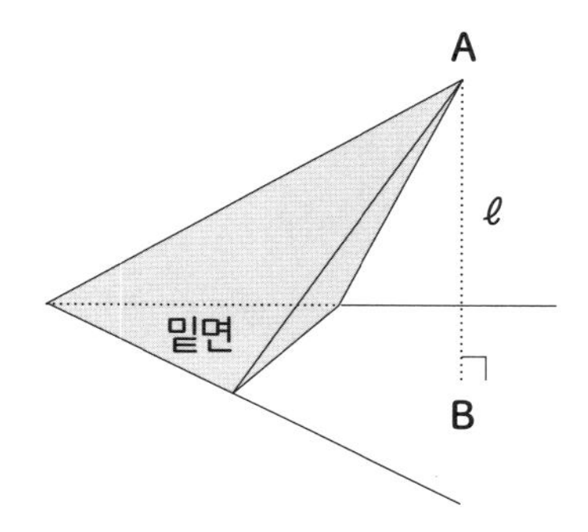

원뿔과 각뿔의 부피 공식에 '$\frac{1}{3}$'이 들어가는 이유는 고등학교에서 배우는 적분을 이용하면 이해할 수 있지만, 원뿔에 관해서는 당연히 '원의 넓이 공식'을 가정한다. 사실 '구의 부피'와 '구의 겉넓이'도 '원의 넓이 공식'을 가정하면 고등학교에서 배

우는 적분으로 설명할 수 있다.

결국 '원의 넓이 공식'이야말로 근본이기 때문에 가장 우선시해야 할 공식인 것이다. 이번 장 제3절에서 관련 내용을 상세하게 언급한 이유는 그 때문이다.

다만, 대략적인 설명으로 괜찮다면 앞서 언급한 4가지 공식을 설명하는 것은 가능하다.

참고로 아래 그림처럼 정육면체를 3개의 똑같은 사각뿔로 나눌 수 있는 것이 본질이다.

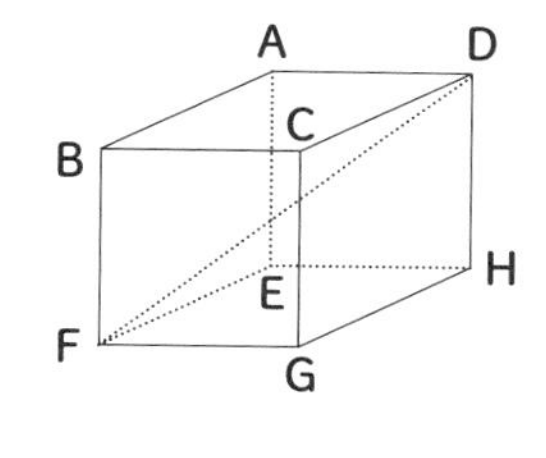

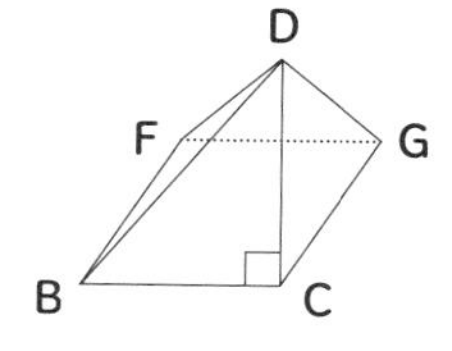

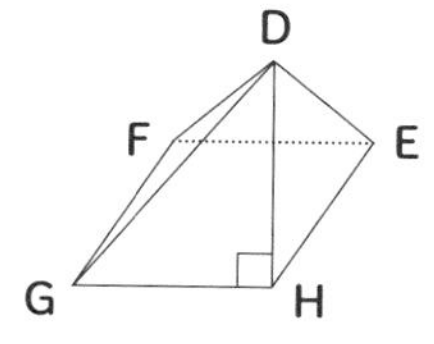

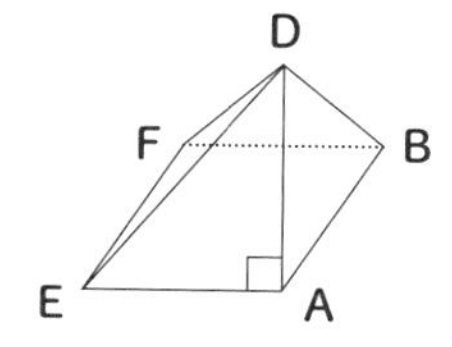

다음에서 입체도형에 관한 예제를 2개 소개한다.

아래 그림은 원뿔의 전개도다. 원뿔 밑면의 지름과 원뿔의 겉넓이를 구해라.

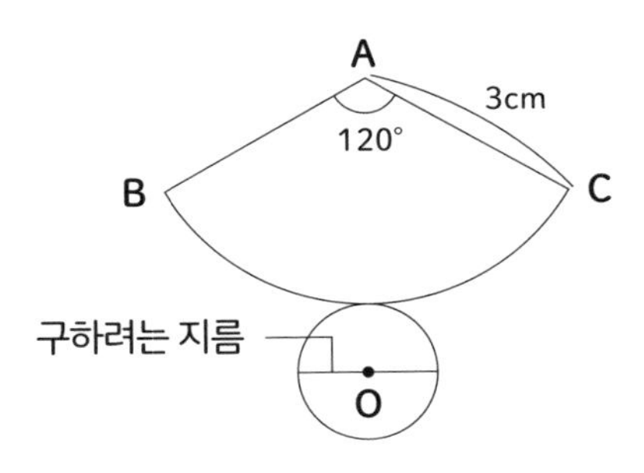

【해설】

A를 중심으로 한 부채꼴의 반지름은 3cm이고 부채꼴의 중심각은 120°이기 때문에 아래 값을 얻을 수 있다.

부채꼴 점 B에서 C까지의 호의 길이

$= (\text{반지름이 3cm인 원주의 길이}) \times \frac{120}{360}$

$= 3 \times 2 \times \pi \times \frac{120}{360}$

$= 2 \times \pi$ (cm)

그리고 그 길이는 곧 O를 중심으로 한 원주의 길이이기 때문에 원의 반지름 길이를 알 수 있다.

원의 지름 $\times \pi = 2 \times \pi$

원의 지름 = 2 (cm)

원의 반지름 = 1 (cm)

이에 따라 원뿔의 겉넓이를 다음과 같이 얻을 수 있다.

원뿔의 겉넓이

= 옆넓이 (옆면의 넓이) + 밑넓이 (밑면의 넓이)

$$= 3 \times 3 \times \pi \times \frac{120}{360} + 1 \times 1 \times \pi$$

$$= 3 \times \pi + 1 \times \pi = 4 \times \pi \quad (\mathrm{cm}^2)$$

예제

다음 그림은 원기둥의 일부분이며, 옆면은 밑면에 수직한다. 이 입체도형의 겉넓이와 부피를 구해라.

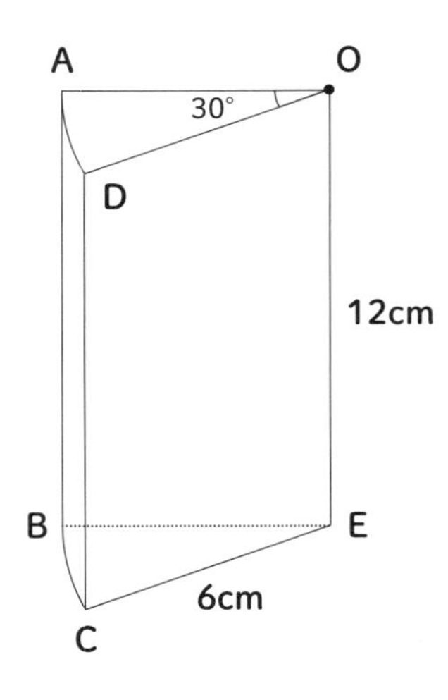

【해설】

입체도형의 옆면은 곡면 ABCD 1개와 직사각형 2개로 이루어져 있다. 그 곡면과 밑면의 경계에 있는 곡선은 반지름이 6cm, 중심각이 30°인 부채꼴의 호(AD 또는 BC)다. 따라서 입체도형의 옆넓이를 다음과 같이 얻을 수 있다.

입체도형의 옆넓이

= 곡면 ABCD 1개의 넓이 + 직사각형 DCEO 의 넓이 × 2

$$= 6 \times 2 \times \pi \times \frac{30}{360} \times 12 + 6 \times 12 \times 2$$

$$= 12 \times \pi + 144 \ (\text{cm}^2)$$

한편 입체도형의 밑면은 반지름이 6cm, 중심각이 30°인 부채꼴로 이루어져 있으므로 다음 값을 얻을 수 있다.

입체도형 밑면 1개의 넓이

$$= 6 \times 6 \times \pi \times \frac{30}{360}$$

$$= 3 \times \pi \ (\text{cm}^2)$$

따라서 입체도형의 겉넓이는 다음과 같이 얻을 수 있다.

입체도형의 겉넓이

= 입체도형의 옆넓이 + 입체도형 밑면 1개의 넓이 × 2

$$= 12 \times \pi + 144 + 3 \times \pi \times 2$$

$$= 18 \times \pi + 144 \ (\text{cm}^2)$$

밑면이 반지름 6cm인 원이고, 높이가 12cm인 원뿔의 부피를 12로 나눈 것이기 때문에 입체도형의 부피는 다음과 같이 구할 수 있다.

입체도형의 부피

$$= 6 \times 6 \times \pi \times 12 \div 12 = 36 \times \pi \ (\text{cm}^3)$$

마지막으로 입체도형을 평면으로 자른 단면에 주목한 예를 살펴보자.

예제

후지산 정상에서 보는 시야

도쿄도 다치카와시, 하치오지시, 히가시무라야마시, 아타바시구 등에는 '후지미초'라는 지명이 있는데, 후지산이 보이는 마을이라는 뜻이다.

지금은 빌딩이 많이 들어선 곳도 있어서 후지미초에서 후지산을 보기는 쉽지 않다. 하지만 만약 공기가 맑고 청명한 날 후지미초에서 '정말 후지산이 보이는지'에 대해 생각해 보자.

먼저 지구는 반지름이 약 6400km인 구체다. 오른쪽 그림에서 A는 지상 $h$km 지점, B는 A에서 바라볼 수 있는 가장 먼 지상의 점이고, O는 지구의 중심, 원 O는 삼각형 ABO의 높이 OB를 반지름으로 하는 원이다.

그림에서 삼각형 ABO는 각 ABO가 직각인 직각삼각형이다. 따라서 중학교에서 배우는 '피타고라스의 정리'에 따라 아래의 식이 성립한다.

AB의 거리 × AB의 거리 + BO의 거리 × BO의 거리

= AO의 거리 × AO의 거리

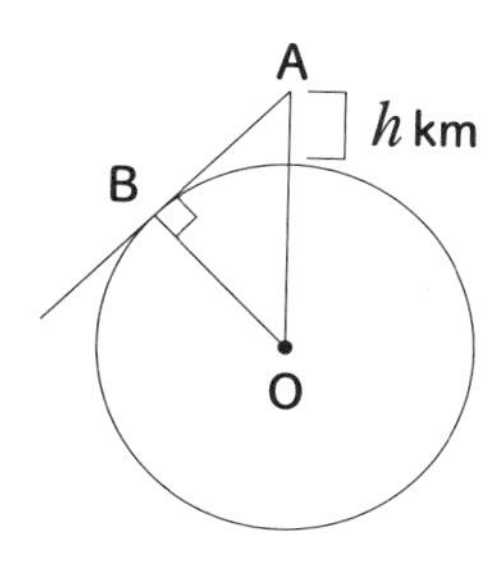

위 식에서 h가 후지산의 높이 3776m의 근삿값인 3.8(km)일 때를 생각해 대입해 보자.

BO의 거리 = 6400（km）

AO의 거리 = 6400 + 3.8=6403.8（km）

(전자계산기로) 계산하면 AB의 거리는 약 220(km)이라는 것을 알 수 있다.

후지산 정상에서 도쿄도심까지의 거리는 약 100km이기 때문에 서두에 언급했던 '후지미초'에서는 후지산이 충분히 보인다는 것을 의미한다.

복습 문제

그림에서 보이는 각기둥의 부피를 구해라. 단, 윗면과 밑면은 같은 모양의 사다리꼴이다.

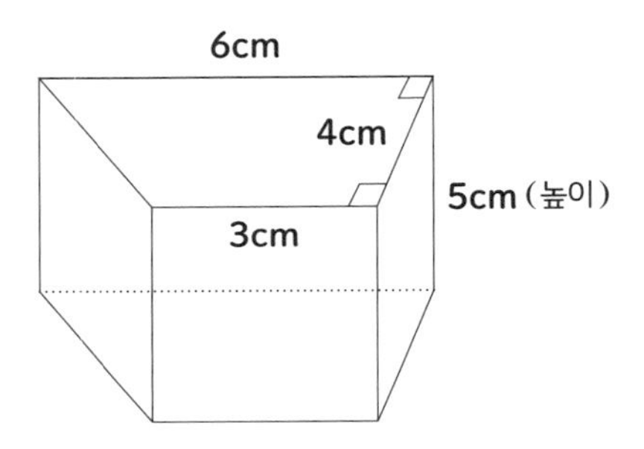

그림에서 보이는 각뿔의 부피를 구해라. 단, 밑면은 직사각형이다.

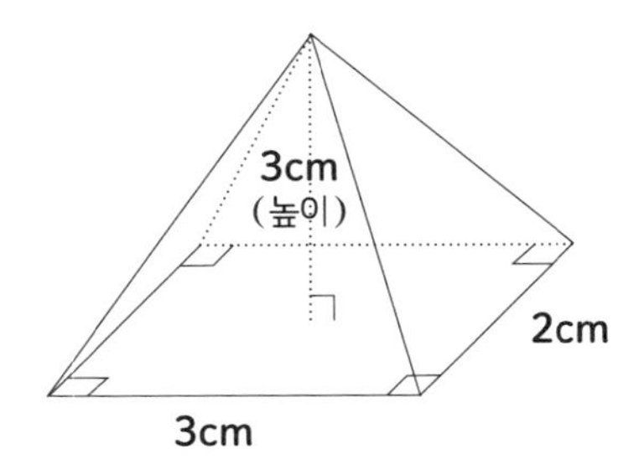

그림처럼 반지름이 1cm인 구가 한 변이 2cm인 정육면체에 딱 맞게 들어 있다. 즉, 정육면체의 각 면과 구면이 접해 있다. 이때 구와 정육면체에 대해 부피의 비와 겉넓이의 비를 구해라.

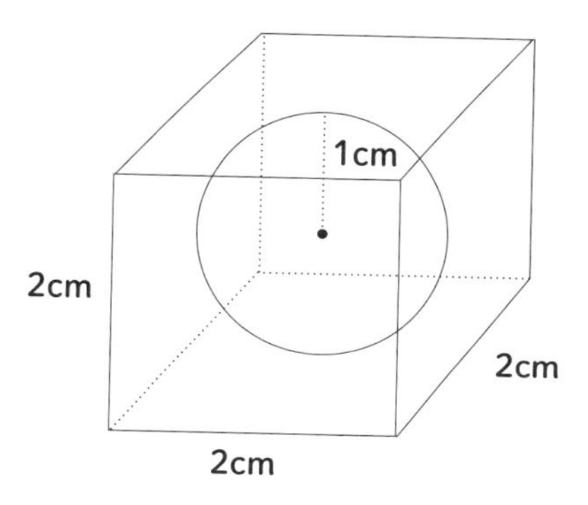

밑면은 사다리꼴이기 때문에 그 넓이를 구하면 아래와 같다.

$$(3+6) \times 4 \div 2 = 18 \ (cm^2)$$

또한 각기둥의 높이는 5cm이므로 부피를 얻을 수 있다.

$$\text{각기둥의 부피} = 18 \times 5 = 90 \ (cm^3)$$

$$\text{밑면의 넓이} = 3 \times 2 = 6 \ (cm^2)$$

$$\text{각뿔의 높이} = 3 \ (cm)$$

위와 같으므로 부피는 아래처럼 얻을 수 있다.

$$\text{각뿔의 부피} = \frac{1}{3} \times 6 \times 3 = 6 \ (cm^3)$$

$$구의\ 부피 = \frac{4}{3} \times 1 \times 1 \times 1 \times \pi$$

$$= \frac{4}{3} \times \pi \quad (cm^3)$$

$$정육면체의\ 부피 = 2 \times 2 \times 2 = 8 \quad (cm^3)$$

위와 같으므로 부피의 비를 얻을 수 있다.

$$구의\ 부피 : 정육면체의\ 부피 = \frac{4}{3} \times \pi : 8$$

$$= \pi : 6$$

한편 정육면체의 겉면은 한 변이 2cm인 정사각형 6개로 이루어져 있으므로 아래와 같이 겉넓이를 구할 수 있다.

$$정육면체의\ 겉넓이 = 6 \times 2 \times 2 = 24 \quad (cm^2)$$

또한 구의 겉넓이는 다음과 같다.

$$구의 겉넓이 = 4 \times \pi \times 1 \times 1 = 4 \times \pi \quad (cm^2)$$

따라서 겉넓이의 비를 구할 수 있다.

$$구의 겉넓이 : 정육면체의 겉넓이 = 4 \times \pi : 24$$
$$= \pi : 6$$

구와 정육면체에 대한 부피의 비와 겉넓이의 비는 모두 π : 6으로 같다.

아르키메데스의 묘비와 위스키 잔

이번 절의 복습 문제 3번에서는 정육면체 안에 구가 들어가 있었지만 유명한 아르키메데스의 묘비에는 원기둥에 구가 딱 맞게 들어간 그림이 그려져 있다고 한다. 나는 뜻밖의 장소에서 그 그림을 일반화한 도식과 관계식을 발견한 적이 있다. 도쿄이과대학교로 이직했을 무렵 신주쿠 게이오플라자호텔 45층에 있던 바 '폴스타'(2016년에 폐점)에 몇 번인가 가본 적이 있다. 원뿔을 밑면과 평행한 평면으로 잘라낸 부분을 원뿔대라고 하는데 그 원뿔대 모양을 한 위스키 잔에 꼭 맞는 동그란 얼음을 넣고, 술을 따라 마시는 것이 낙이었다.

그 술을 마시고 있을 때 아르키메데스의 묘비를 떠올렸고, '동그란 얼음의 반지름×동그란 얼음의 반지름'이 '원뿔대 윗면의 반지름×밑면의 반지름'과 일치한다는 것을 깨달았다.

2002년에 출간한 그림책 『신기한 숫자 이야기』에 신주쿠 야경을 배경으로 해 잔에 넣은 동그란 얼음의 일러스트를 그려달라고 했던 그리운 추억이 떠오른다.

경우의 수와 확률·통계

1 경우의 수

수형도로 단순하면서도 정확하게 센다

18페이지에서는 '경우의 수를 세는 예'로 출발지에서 도착지까지 가는 길의 개수를 수형도로 세었다.

대체로 수형도를 활용해 경우의 수를 세는 방법은 단순하면서도 정확하게 세는 데 효과적이고 다양한 분야에서 폭넓게 응용된다.

예를 들어, 성별과 혈액형(A, B, AB, O)에 대해서 모두 몇 가지 경우가 있는지 생각해 보자.

$2 \times 4 = 8$ (가지)

수형도를 그리면 8가지 경우가 있음을 알 수 있다.

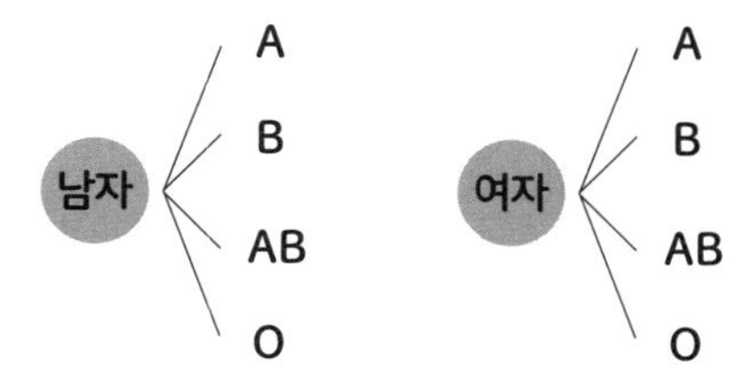

만약 이때 9명이 있다면, 그중 적어도 어떤 두 사람은 성별과 혈액형이 동일한 경우가 생긴다는 사실을 알 수 있다.

같은 방식으로 생각하면 현재 살아 있는 어느 일본인 2명은 생일의 월과 일, 출생 시각의 시와 분, 혈액형, 주소지의 도도부현[1] 모든 정보가 일치한다는 점을 알 수 있다. 실제로 앞에서처럼 수형도를 가정해서 생각해 보면 이 항목에 해당하는 모든 경우의 수는 다음과 같다.

$$\underset{(\text{월과 일})}{366} \times \underset{(\text{시})}{24} \times \underset{(\text{분})}{60} \times \underset{(\text{혈액형})}{4} \times \underset{(\text{도도부현})}{47} = 99083520$$

경우의 수가 2024년도 일본의 인구인 약 1억 2400만 명보다 적기 때문에 위 내용이 옳다는 결론을 내릴 수 있다.

사실 경우의 수를 세는 것은 간단해 보이지만 의외로 어렵고 심오하다. '이산수학'이라는 전문적인 수학 분야가 있는 이유는 그 때문이라고 말할 수 있을 것이다. 경우의 수를 구하는 방법을 크게 나누면 다음의 3가지가 있다.

'귀납법으로 생각하기'

'2가지로 나누어 세기'

'대칭성을 이용하기'

---

1 일본의 광역 지방자치단체이며, 1도(都), 1도(道), 2부, 43현로 이루어져 있다.

초등수학 범위에서 다룰 수 있는 문제를 각각 순서대로 소개하겠다.

예제

교토대학교 2007년 입학시험 문제의 변형

한 걸음으로 한 계단 또는 두 계단씩 계단을 오를 때, 한 걸음에 두 계단을 오르는 경우가 연속되지 않아야 한다. 여섯 번째 계단까지 오르는 방법은 몇 가지인지 구해라.

밑에서부터 N번째 계단까지 오르는 방법을 Ⓝ으로 표기하기로 하면 아래와 같다.

①= 1 (가지)

②= 2 (가지)

③= 3 (가지)

여기까지는 쉽게 알 수 있다. 다음으로 ④, ⑤, ⑥을 구해 보자.

④= 네 번째 계단에 오른 마지막 한 걸음이 한 계단일 경우의 수

+ 네 번째 계단에 오른 마지막 한 걸음이 두 계단일 경우의 수

= ③ + (② 중에서 두 번째 계단에 오른 마지막 한 걸음이 한 계단일 경우의 수)

=③+①

=3+1=4(가지)

⑤=다섯 번째 계단에 오른 마지막 한 걸음이 한 계단일 경우의 수

+다섯 번째 계단에 오른 마지막 한 걸음이 두 계단일 경우의 수

=④+(③ 중에서 세 번째 계단에 오른 마지막 한 걸음이 한 계단일 경우의 수)

=④+②

=4+2=6(가지)

⑥=여섯 번째 계단에 오른 마지막 한 걸음이 한 계단일 경우의 수

+여섯 번째 계단에 오른 마지막 한 걸음이 두 계단일 경우의 수

=⑤+(④ 중에서 네 번째 계단에 오른 마지막 한 걸음이 한 계단일 경우의 수)

=⑤+③

=6+3=9(가지)

여기서는 여섯 계단으로 적었지만, 교토대학교의 입학시험에서는 열다섯 계단을 오르는 경우의 수를 구하는 문제가 출제되었다. 이 문제의 답은 277가지이고, 힌트를 주자면 N이 4 이상일 때, 일반적으로 다음의 식이 성립한다.

(N) = (N − 1) + (N − 3)

예제

아르바이트생이 여러 명 있는 연중무휴 가게에서 다음의 형태로 일주일 동안의 스케줄을 정한다고 한다.

(ⅰ) 아르바이트생은 모두 일주일 동안 딱 3일 출근한다.

(ⅱ) 무슨 요일이든 정확히 30명의 아르바이트생이 출근한다.

위 조건을 기준으로 할 때 아르바이트생의 총인원수는 몇 명일까?

다음 페이지의 그림처럼 세로축에는 이름, 가로축에는 요일을 적고, 각 사람이 출근하는 요일을 검은 점으로 표시하기로 한다.

그림에서 보면 영희는 일, 수, 토, 철수는 월, 화, 금, 순이는 월, 목, 금에 각각 출근한다.

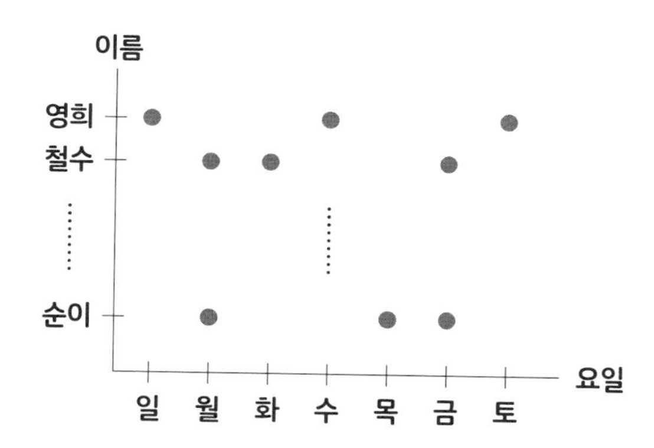

이때 아르바이트생의 총인원수를 n이라고 하면 (ⅰ)에 따라 그림에 있는 점 전체의 개수는 $3 \times n$개다. 한편 (ⅱ)을 적용하면 그림에 있는 점 전체의 개수는 30×7개다.

$$3 \times n = 30 \times 7$$

따라서 $n = 70$(명)임을 알 수 있다.

예제

하얀 구슬과 검은 구슬을 총 6개 사용해 목걸이를 만들려고 한다. 목걸이를 몇 가지 만들 수 있을까? 단, 구슬은 모두 하얀색이거나 검은색이어도 상관없다. 또한 목걸이는 앞뒤가 없으므로 다음 둘은 같은 목걸이라고 생각한다.

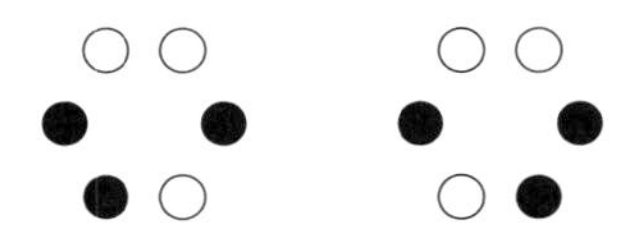

결론을 말하자면 아래 13가지가 있다.

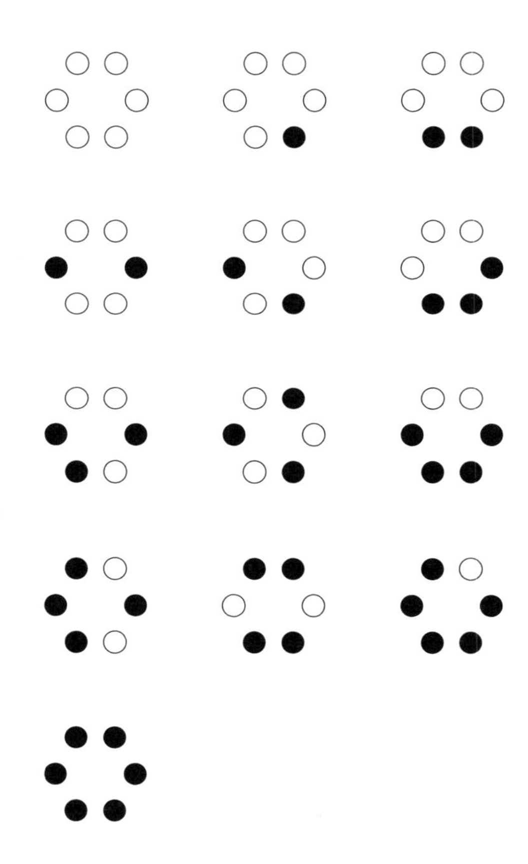

이쯤에서 예제를 2개 소개한다.

이 중 뒤의 예제는 IT분야에서 세계적으로 유명한 인도공과대학교의 입학시험에서 출제된 문제이고(2020년), 그중에서도 꽤 쉬운 문제다(다른 문제로는 미분방정식이나 3행3열의 행렬, 역삼각함수 등 어려운 문제도 있다).

예제

A, B, C, D, E, F 6명이 있다고 할 때, 6명을 두 그룹으로 나누는 경우의 수(나누는 방법의 수)는 몇 가지일지 구해라. 단, 0명인 그룹은 인정하지 않는다.

【해설】

두 그룹으로 나눌 때 그룹의 인원수는 다음의 3가지를 생각할 수 있다.

(가) 1명과 5명인 경우

(나) 2명과 4명인 경우

(다) 3명과 3명인 경우

이때 (가), (나), (다) 각각에 대해 몇 가지 구성이 있을지를 구해 보자.

(가)의 경우는 다음 6가지가 있다.

한 그룹에는 A, 다른 한 그룹에는 A를 제외한 나머지

한 그룹에는 B, 다른 한 그룹에는 B를 제외한 나머지

한 그룹에는 C, 다른 한 그룹에는 C를 제외한 나머지

한 그룹에는 D, 다른 한 그룹에는 D를 제외한 나머지

한 그룹에는 E, 다른 한 그룹에는 E를 제외한 나머지

한 그룹에는 F, 다른 한 그룹에는 F를 제외한 나머지

(나)의 경우는 다음 15가지가 있다.

한 그룹에는 A와 B, 다른 한 그룹에는 둘을 제외한 나머지

한 그룹에는 A와 C, 다른 한 그룹에는 둘을 제외한 나머지

한 그룹에는 A와 D, 다른 한 그룹에는 둘을 제외한 나머지

한 그룹에는 A와 E, 다른 한 그룹에는 둘을 제외한 나머지

한 그룹에는 A와 F, 다른 한 그룹에는 둘을 제외한 나머지

한 그룹에는 B와 C, 다른 한 그룹에는 둘을 제외한 나머지

한 그룹에는 B와 D, 다른 한 그룹에는 둘을 제외한 나머지

한 그룹에는 B와 E, 다른 한 그룹에는 둘을 제외한 나머지

한 그룹에는 B와 F, 다른 한 그룹에는 둘을 제외한 나머지

한 그룹에는 C와 D, 다른 한 그룹에는 둘을 제외한 나머지

한 그룹에는 C와 E, 다른 한 그룹에는 둘을 제외한 나머지

한 그룹에는 C와 F, 다른 한 그룹에는 둘을 제외한 나머지

한 그룹에는 D와 E, 다른 한 그룹에는 둘을 제외한 나머지

한 그룹에는 D와 F, 다른 한 그룹에는 둘을 제외한 나머지

한 그룹에는 E와 F, 다른 한 그룹에는 둘을 제외한 나머지

(다)의 경우는 (가)나 (나)와 같은 방법으로 구하면 틀린다. 왜냐하면 다음과 같이 나눈 2가지는 같기 때문이다.

한 그룹에는 A와 B와 C, 다른 한 그룹에는 셋을 제외한 나머지

한 그룹에는 D와 E와 F, 다른 한 그룹에는 셋을 제외한 나머지

따라서 A가 포함된 3인 그룹과 그 나머지 그룹 둘로 나누는 방법을 생각해 보자. 그러면 (다)의 경우는 다음 10가지를 생각할 수 있다.

한 그룹에는 A와 B와 C, 다른 한 그룹에는 셋을 제외한 나머지

한 그룹에는 A와 B와 D, 다른 한 그룹에는 셋을 제외한 나머지

한 그룹에는 A와 B와 E, 다른 한 그룹에는 셋을 제외한 나머지

한 그룹에는 A와 B와 F, 다른 한 그룹에는 셋을 제외한 나머지

한 그룹에는 A와 C와 D, 다른 한 그룹에는 셋을 제외한 나머지

한 그룹에는 A와 C와 E, 다른 한 그룹에는 셋을 제외한 나머지

한 그룹에는 A와 C와 F, 다른 한 그룹에는 셋을 제외한 나머지

한 그룹에는 A와 D와 E, 다른 한 그룹에는 셋을 제외한 나머지

한 그룹에는 A와 D와 F, 다른 한 그룹에는 셋을 제외한 나머지

한 그룹에는 A와 E와 F, 다른 한 그룹에는 셋을 제외한 나머지

이상으로 답은 아래와 같다.

6명을 두 그룹으로 나누는 경우의 수

= 6 + 15 + 10 = 31 (가지)

참고로 이 문제에서 6명을 세 그룹으로 나누는 경우의 수를 구하라는 문제로 바꾸면 아주 어려워진다. 이 문제의 답은 90가지인데, 이과 계열로 진학하려는 고등학생이라도 자주 틀린다.

예제

호텔에는 서로 다른 가, 나, 다, 라 총 4개의 방이 있다. 손님 6명 A, B, C, D, E, F가 그 4개 방에 나누어 묵게 되었다.

각 방에는 1명 또는 2명이 묵기로 했을 때, 모두 몇 가지 경우를 생각할 수 있을까?

【해설】

각 방에 1명 또는 2명이 묵기 때문에 결국 두 방에는 1명씩 묵고, 다른 두 방에는 2명씩 묵는 것이 된다.

1명이 묵는 두 방을 고르는 방법을 생각하면 4개의 방인 가, 나, 다, 라에서 두 방을 고르는 것이므로, 아래의 6가지 조합을 생각할 수 있다(이것은 서로 다른 4개에서 2개를 고르는 조합이다).

가와 나, 가와 다, 가와 라, 나와 다, 나와 라, 다와 라

이때 위에서 언급한 6가지 경우를 (I)라고 한다.

(I)에서 가와 나에만 한정해서 가와 나에 1명씩 묵는 경우를 결정하는 방법은 아래처럼 30가지 경우가 있다는 것을 알 수 있다(이것은 서로 다른 6개 중 2개를 선택해 나열하는 순열과 같다).

(가 방의 손님, 나 방의 손님) =

(A, B), (A, C), (A, D), (A, E), (A, F),

(B, A), (B, C), (B, D), (B, E), (B, F),

(C, A), (C, B), (C, D), (C, E), (C, F),

(D, A), (D, B), (D, C), (D, E), (D, F),

(E, A), (E, B), (E, C), (E, D), (E, F),

(F, A), (F, B), (F, C), (F, D), (F, E)

위에 적은 30가지 경우를 (Ⅱ)라고 하자.

여기서 (가 방의 손님, 나 방의 손님) = (A, B)인 경우, 남은 4명 C, D, E, F는 두 명씩 다와 라 방에 묵게 된다.

그렇다면 다음 6가지를 생각할 수 있다(남은 4명 중 2명을 선택해 다 방에 묵고, 남은 2명이 라 방에 묵는다).

(다 방의 손님, 라 방의 손님) =

(C와 D, E와 F), (C와 E, D와 F),

(C와 F, D와 E), (D와 E, C와 F),

(D와 F, C와 E), (E와 F, C와 D)

위의 6가지 경우를 (Ⅲ)라고 하자.

(Ⅰ)의 각각에 대해서 (Ⅱ)의 방법은 30가지다.

[X는 혼자 △방에 묵고, Y는 혼자 ○방에 묵는다]

결국 위 경우의 수는 모두 $6 \times 30 = 180$(가지)임을 알 수 있다. 단, X와 Y는 다른 사람이다.

마지막으로 위에 적은 180가지 각각에 대해 남은 2인실에 묵는 4명을 결정하는 방법은 (Ⅲ)에 따라 6가지다.

따라서 이 문제의 답은 아래와 같음을 알 수 있다.

$$180 \times 6 = 1080 \text{ (가지)}$$

복습 문제

A, B, C, D, F, G 7명 중 서기, 회계, 홍보 3명을 정하는 경우의 수를 구해라. 단, 겸직은 인정하지 않는다.

A, B, C, D, F, G 7명 중 서기, 회계, 홍보 3명을 정하는 경우의 수를 구해라. 단, 1명이 두 직책도, 세 직책도 맡을 수 있다.

A, B, C, D, F, G 7명 중 3명으로 구성된 위원회를 정하는 경우의 수를 구해라. 단 위원회 3명 중에는 어떤 직책 같은 구별은 없다. 힌트를 주자면 문제1처럼 서기, 회계, 홍보 3명을 정하는 경우 중에서 위원회로 바꾸었을 때 같은 조합이 얼마나 있는지 생각해 보자.

서기만 생각하면 7가지가 있다. 그 각각에 대해서 회계는 6가지가 있다. 따라서 서기와 회계로 구성된 경우의 수는 전부 아래와 같다.

$$7 \times 6 = 42 \text{ (가지)}$$

또한 그 42가지의 각각에 대해서 홍보는 5가지가 있다. 그러므로 서기, 회계, 홍보 조합의 총 경우의 수는 다음과 같다.

$$7 \times 6 \times 5 = 210 \text{ (가지)}$$

참고로 아래 그림은 서기가 D, 회계가 F인 경우다.

서기 회계 홍보

A A A
B B B
C C C
D
E E E
F F
G G G

문제 2

해답

서기로는 7가지가 있다. 그 각각에 대해서 회계도 7가지 있다. 따라서 서기와 회계 조합의 총 경우의 수는 다음과 같다.

$7 \times 7 = 49$ (가지)

또한 그 49가지의 각각에 대해서 홍보도 7가지가 있다. 그러므로 서기, 회계, 홍보 조합의 총 경우의 수는 다음과 같다.

$7 \times 7 \times 7 = 343$ (가지)

문제 3

해답

다음의 6가지 경우는 서기, 회계, 홍보 3명을 정한 것인데, 이를 직책의 구별을 두지 않는 위원회로 바꾸면 A, B, C 3명으로 구성된 딱 하나의 위원회 {A, B, C}가 된다. 또한 단 하나의 위원회 {A, B, C}가 되는 (서기, 회계, 홍보)도 다음 6가지뿐이다.

(서기, 회계, 홍보) :

(A, B, C), (A, C, B), (B, A, C),

(B, C, A), (C, A, B), (C, B, A)

A, B, C, D, E, F, G 7명 중 어느 3명을 골라도 A, B, C 3명에 대한 위 예와 동일하기 때문에 결국 문제1의 답인 210을 6으로 나눈 몫인 35(가지)가 문제3의 답이 된다.

확률의 개념

3명이 가위바위보를 했을 때 무승부가 될 확률은

확률이라는 말은 누구나 자주 사용한다. 그런데 그 의미를 오해하고 있는 경우가 적지 않다.

예를 들어, 주사위가 보이지 않도록 조작되어 있고, 아래 순서에 맞추어 주사위의 눈이 규칙적으로 나온다고 하자.

1, 2, 3, 4, 5, 6, 1, 2, 3, 4, 5, 6, 1, 2, 3, 4, 5, 6, …

이 주사위를 6000회 던지면 각각의 눈은 딱 1000회씩 나온다. 그렇다고 해도 '이 주사위를 주사위의 눈이 각각 6분의 1 확률로 나오는 주사위'라고 말하지 않는다. 왜냐하면 첫 번째에는 반드시 1의 눈이 나오고, 두 번째에는 반드시 2의 눈이 나오고, ……, 여섯 번째에는 반드시 6의 눈이 나오고, 일곱 번째에는 반드시 1의 눈이 나오고, ……처럼 반복되기 때문이다.

'각각의 눈이 6분의 1 확률로 나온다'라고 말하기 위해서는 몇 번째 던지든 모든 눈이 같은 가능성으로 나온다고 생각할 수 있어야 한다.

이처럼 각각의 사건이 같은 가능성으로 일어난다고 생각할 수 있을 때, 각각의 사건은 '같은 정도로 기대된다'고 말한다.

이 '같은 정도로 기대된다'라는 말은 주의하지 않으면 잊어버리는데, 확률을 배우는 데 가장 중요한 말이다.

일반적으로 동전이나 주사위를 던지는 등의 어떠한 시행으로 일어날 수 있는 모든 경우가 n가지 있고, 그 모든 경우가 같은 정도로 기대된다고 한다. 이때 그중 특정한 사건의 경우가 a가지 있다면 해당 사건이 일어날 확률 p는 아래의 식으로 얻을 수 있다.

$$p = \frac{a}{n}$$

또한 확률이 1이라면 확률이 100%, 확률이 $\frac{1}{2}$ 이라면 확률이 50%를 의미함에 유의한다.

(조작하지 않은 보통의) 주사위를 던질 때 일어날 수 있는 모든 경우의 눈은 1, 2, 3, 4, 5, 6이고 또 그 모든 눈이 나오는 것도 같은 정도로 기대된다. 그리고 예를 들어, 3의 배수인 눈은 3과 6 둘이기 때문에 3의 배수인 눈이 나올 확률은 아래와 같다.

$$\frac{2}{6} = \frac{1}{3}$$

여담이지만 주사위는 정육면체다. 확률에 관한 문제나 게임에서 자주 이용되는 정다면체는 정사면체, 정육면체, 정팔면체, 정십이면체, 정이십면체 5개다.

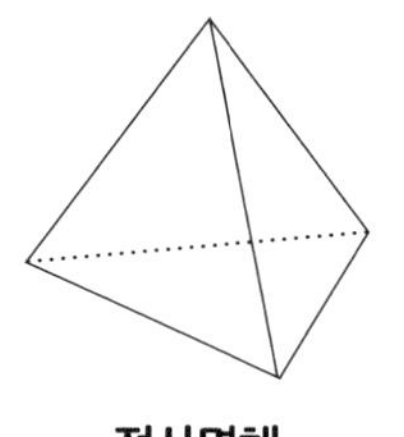

정사면체

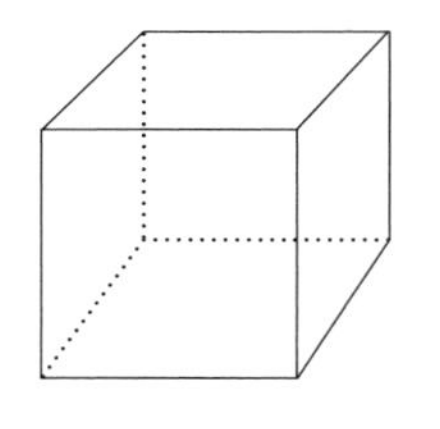

정육면체

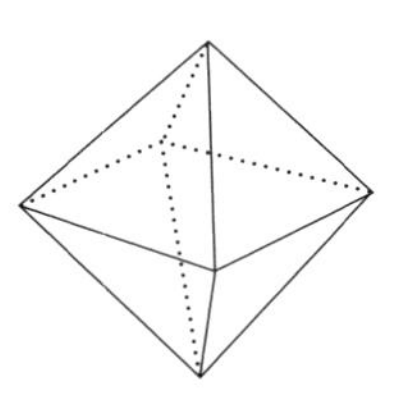

정팔면체

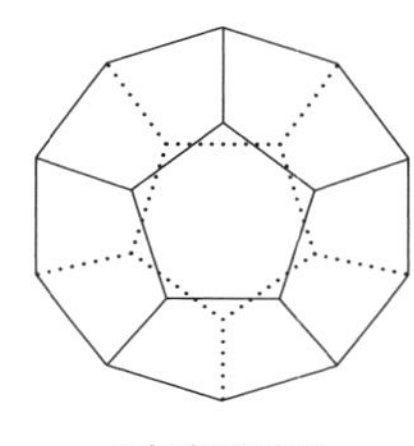

정십이면체

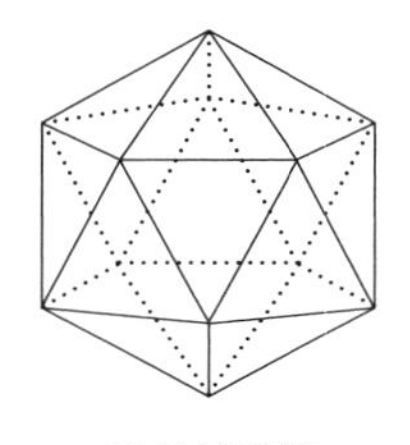

정이십면체

예제

동전과 주사위를 던질 때 동전은 앞면이 나오고, 주사위는 짝수의 눈이 나올 확률을 구해라.

던진 결과로 예상할 수 있는 것은 수형도로 나타난 12가지다. 그리고 12가지 모두 같은 정도로 기대된다.

동전은 앞면, 주사위는 짝수의 눈이 나오는 경우에 ○를 붙이면, 다음과 같이 3가지가 있다.

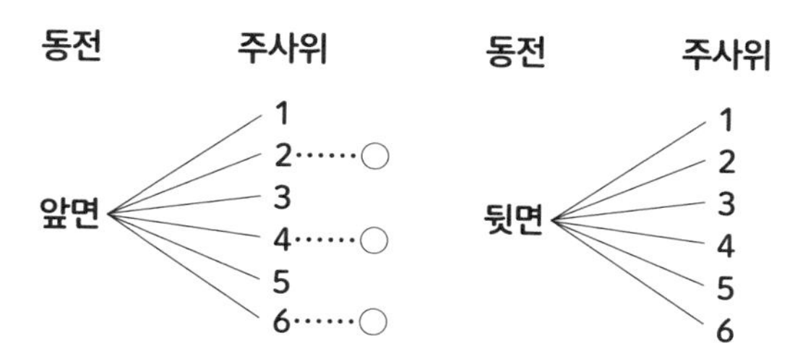

그러므로 구하려는 확률은 다음과 같다.

$$\frac{3}{12}=\frac{1}{4}$$

이때 동전의 면이 나오는 방식과 주사위의 눈이 나오는 방식은 서로 관계가 없다. 이처럼 일반적으로 2가지 시행 S와 T가 서로 관계가 없는 경우, S에 관해서 사건 E가 일어날 확률을 p, T에 관해서 사건 F가 일어날 확률을 q라고 하면 두 시행 S와 T를 동시에 시행할 때, E와 F가 같이 일어날 확률은 다음과 같다.

$$p \times q$$

예를 들어, 동전과 주사위를 동시에 던질 때, 동전은 뒷면이 나오고, 주사위는 1의 눈이 나올 확률은 아래처럼 계산한다.

$$\frac{1}{2}\times\frac{1}{6}=\frac{1}{12}$$

예제

A, B, C 3명이 가위바위보를 1회 할 때 무승부가 될 확률을 구해라. 단, 각자가 가위, 바위, 보를 낼 확률은 각각 $\frac{1}{3}$ 이다.

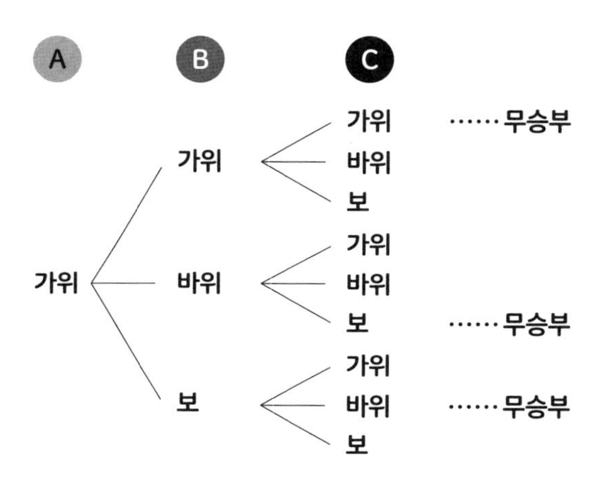

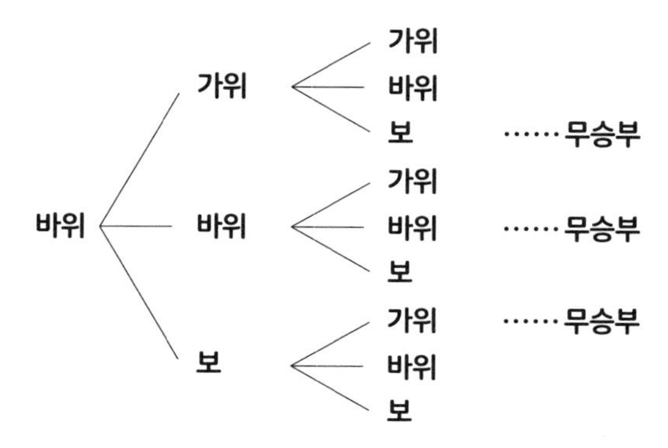

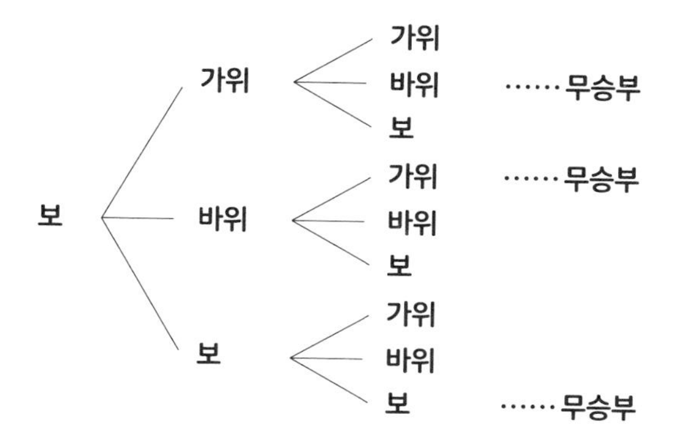

A, B, C 3명이 가위바위보를 1회 할 때, 수형도로 나타낸 27가지를 생각할 수 있고, 각 경우는 같은 정도로 기대된다. 그중 무승부가 되는 것은 9가지이기 때문에, 답은 다음과 같다.

$$\text{무승부가 될 확률} = \frac{9}{27} = \frac{1}{3}$$

예제

어른이 주사위를 던졌더니, 어른은 볼 수 없는 책상 밑으로 주사위가 떨어져 버렸다. 책상 밑에 있던 아이는 떨어진 주사위를 보고는 “1이 아니에요”라고 말했다. 이때 아이는 절대 거짓말을 하지 않는다고 한다. 그 주사위의 눈이 2일 확률을 생각해 보자.

1 외의 눈 2, 3, 4, 5, 6은 같은 정도로 기대되고, 그 외의 다른 눈은 없다.

그러므로 그 주사위가 2의 눈일 확률은 $\frac{1}{6}$ 이 아니라 $\frac{1}{5}$ 이다.

이 예제처럼 '같은 정도로 기대된다'라는 말을 의식하지 않으면 확률은 틀리기 쉽다. 프로야구를 중계하는 아나운서가 타율이 0.333인 타자에 대해서 "확률적으로 슬슬 안타를 치겠네요" 하고 말하는 것은 틀렸고, "확률적으로 생각하면 다음에 안타를 칠 확률도 0.333입니다"라고 말해야 적절하다.

예제

A, B, C, D, E, F, G, H, I, J, K, L 12명 중 1명을 공평하게 선택하고 싶을 때 정십이면체가 있다면 각 사람을 서로 다른 면에 대응시켜 던지면 된다. 정십이면체가 없더라도 동전과 주사위가 있다면 수형도처럼 대응시킨 다음에 둘을 같이 던지면 된다.

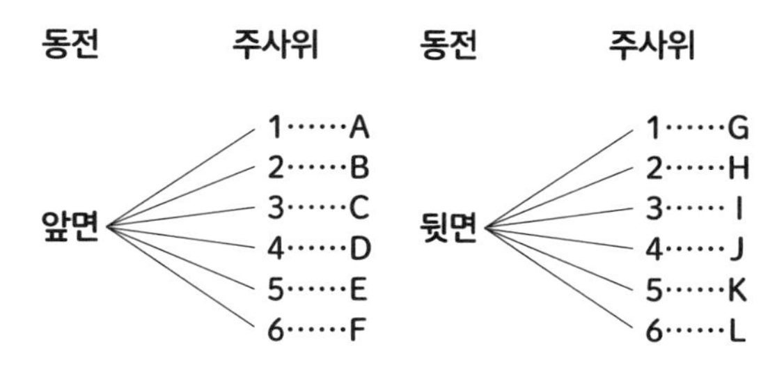

그러면 A, B, C, D, E, F, G, H, I, J, K 11명 중 1명을 공평하게 선택하고 싶을 때는 어떻게 하면 좋을까?

그 방법은 수형도에서 마지막 부분인 '뒷면 - 6 …… L'만 제외하고 동전과 주사위를 던지면 된다. 운 나쁘게 '뒷면 - 6'이 나왔을 때는 동전과 주사위를 다시 던지면 된다.

예제

일본 복권 중 '넘버즈 4'는 0에서 9까지의 숫자를 각 자리에 넣어 만든 네 자리의 숫자 전체에서 당첨 숫자를 맞히는 복권이다.

$$10 \times 10 \times 10 \times 10 = 10000 \text{ (개)}$$

총 10000개인 네 자리 숫자 중에서 하나를 맞히는 것이기 때문에 1장을 구입했을 때 맞힐 확률은 1만분의 1이다.

2429, 7317, 5333처럼 중복된 숫자가 있는 네 자리 숫자가 당첨될 확률을 구해보자.

중복된 숫자가 전혀 없는 네 자리 숫자는 모두 몇 개 있는지 계산하면 다음과 같다(이전 절 복습 문제 1번을 참고).

$$10 \times 9 \times 8 \times 7 = 5040 \text{ (개)}$$

그러므로 중복된 숫자가 있는 네 자리 숫자는 모두 4960개다.

$$10000 - 5040 = 4960 \text{ (개)}$$

따라서 구하려는 확률은 다음과 같다.

$$\frac{4960}{10000} = \frac{496}{1000} = \frac{62}{125}$$

사실 중복된 수가 있는 네 자리 숫자가 당첨될 확률이 50% 가까이나 된다는 것을 신기하게 생각하는 사람이 몹시 많다.

이 주제나, 당첨 번호 예상에 사용되는 네 자리 숫자의 특징에 대해서 예전에 1996년 9월 2일 '추첨일'에 '메자마시TV'[1] 방송에 직접 출연해 말한 기억이 떠오른다.

예제

야구에서 앞으로 안타 1개를 치면 끝내기 승리가 되는 상황을 가정하자.

(가)의 경우에는 이미 원아웃이 되었지만, 중심타자인 A, B 두 사람에게 타순이 돌

---

1 후지TV의 아침 정보 방송 프로그램.

아오고 그 두 사람 모두 타율(안타를 칠 확률)이 $\frac{1}{3}$ (3할 3푼 3리)이라고 한다.

(나)의 경우에는 아직 노아웃이지만 타순은 하위 3명 C, D, E에게 돌아오고 3명의 타율은 각각 $\frac{1}{4}$ (2할 5푼), $\frac{1}{4}$ (2할 5푼), $\frac{1}{5}$ (2할)이라고 한다.

감독으로서 (가)와 (나) 어느 상황을 더 반길지, 다음과 같은 전제로 생각해 보자.

- A, B, C, D, E는 안타를 치거나 아웃이 되거나 둘 중 하나만 가능하다. 그리고 (가) 상황에서는 A나 B 중 아무나 안타를 치면 이기고, (나) 상황에서는 C나 D나 E 중 1명만 안타를 치면 이기는데, 그 외의 상황으로 이기는 방법은 없다고 한다.

A와 B가 각자 안타를 칠 확률은 일반적인 정육면체 주사위를 던져 1 또는 2의 눈이 나올 확률과 같다.

또한 C와 D가 각자 안타를 칠 확률은 서로 다른 면에 1부터 4까지의 수가 적힌 정사면체 주사위를 던져서 1의 눈이 (바닥에 놓았을 때의 밑면에) 나올 확률과 같다.

그리고 E가 안타를 칠 확률은 서로 다른 면에 1부터 20까지의 수가 적힌 정이십면체 주사위를 던져서 4 이하의 눈이 (바닥에 놓았을 때의 윗면에) 나올 확률과 같다.

이에 따라 다음과 같이 말할 수 있다.

A와 B가 모두 아웃될 확률 p는 정육면체 주사위 2개를 던져서 둘 다 3 이상의 눈이 나올 확률과 같다.

또한 C와 D와 E가 모두 아웃될 확률 q는 정사면체 주사위 2개와 정이십면체 주사위 1개를 던져서 정사면체 주사위는 둘 다 2 이상의 눈(밑면)이 나오고, 동시에 정이십면체 주사위는 5 이상의 눈(윗면)이 나올 확률과 같다. 계산하면 아래와 같다.

$$p = \frac{4 \times 4}{6 \times 6} = \frac{4}{9}$$

$$q = \frac{3 \times 3 \times 16}{4 \times 4 \times 20} = \frac{9}{20}$$

계산하면 아래의 값을 얻을 수 있다.

A나 B 중 아무나 안타를 칠 확률

$$= 1 - \frac{4}{9} = \frac{5}{9}$$

C나 D나 E 중 1명이 안타를 칠 확률

$$= 1 - \frac{9}{20} = \frac{11}{20}$$

$$\frac{5}{9} = \frac{100}{180}, \quad \frac{11}{20} = \frac{99}{180}$$

위 계산에 따라 감독은 (가)의 상황을 조금 더 반갑게 여길 것이다.

주사위의 각 눈이 나올 확률은 정말 6분의 1일까

방대한 데이터를 수집하면 '난수'라고 불리는 수에도 경향이 있어서 어떠한 편향이 나타난다는 이야기는 잘 알려져 있다. 하물며 일반 주사위에는 눈 부분이 조각되어 있어서 더욱 그럴 것이다. 그렇다면 '조각 방식에 따른 차이는 어떻게 나타날까?'라는 의문이 떠오른다.

이 의문을 확인하고자 10년 정도 전에 다음과 같은 실험을 시행할 계획을 세웠다. 지금까지 외부 강연을 다녔던 초·중·고등학교 중 몇 학교의 협력을 얻어서 총 100만 번 정도의 주사위 데이터를 모으고, 정말 각 눈이 6분의 1 확률로 나오는지를 분석한다. 하지만 코로나 사태가 벌어지고 그 계획을 단념해야 했다.

그 아쉬움을 풀려고 1개에 수만 원 하는 티타늄제 주사위를 여러 개 구입했다. 이 주사위는 숫자의 조각 부분도 티타늄으로 메워져 있어서 꽤 정밀도가 높다. 다만 그 주사위는 소중한 장식품이어서 던지고 놀아본 적은 없다.

복습 문제

두 주사위 A와 B를 던졌을 때 눈의 합이 7이 될 확률을 구해라.

직선 위에 강아지 인형이 놓여 있다. 주사위를 던져서 1, 3, 5의 눈이 나오면 인형을 각각 10cm, 30cm, 50cm 오른쪽으로 이동시킨다. 그리고 2, 4, 6의 눈이 나오면 인형을 각각 20cm, 40cm, 60cm 왼쪽으로 이동시킨다. 주사위를 던질 때마다 이 작업을 반복한다.

직선 위의 점 A를 시작 지점으로 해 주사위를 3회 던졌을 때 인형이 시작 지점인 점 A로 돌아올 확률을 구해라.

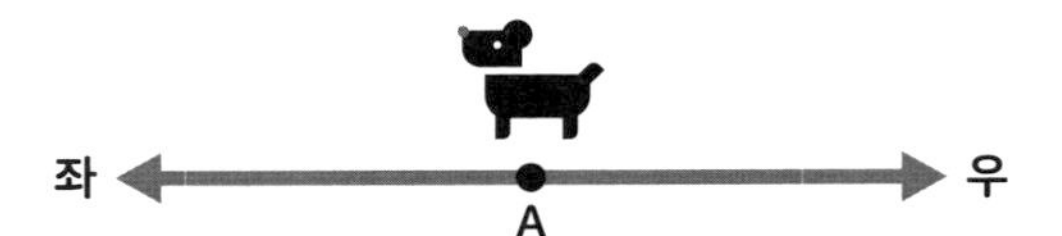

A와 B를 던졌을 때 눈의 조합을 아래처럼 나타낸다.

(A의 눈, B의 눈)

다음 36가지를 생각할 수 있다. 그리고 그 36가지의 모든 경우가 같은 정도로 기대된다고 생각할 수 있다.

(1, 1), (1, 2), (1, 3), (1, 4), (1, 5), (1, 6),

(2, 1), (2, 2), (2, 3), (2, 4), (2, 5), (2, 6),

(3, 1), (3, 2), (3, 3), (3, 4), (3, 5), (3, 6),

(4, 1), (4, 2), (4, 3), (4, 4), (4, 5), (4, 6),

(5, 1), (5, 2), (5, 3), (5, 4), (5, 5), (5, 6),

(6, 1), (6, 2), (6, 3), (6, 4), (6, 5), (6, 6)

위 36가지 중 눈의 합이 7이 되는 조합은 아래의 6가지다.

(1, 6), (2, 5), (3, 4), (4, 3), (5, 2), (6, 1)

따라서 구하려는 확률은 다음과 같다.

$$\frac{6}{36} = \frac{1}{6}$$

주사위를 3회 던졌을 때 모든 경우의 수는 다음과 같다.

$6 \times 6 \times 6 = 216$ (가지)

모든 경우의 수는 '같은 정도로 기대된다'고 한다. 그중 홀수 눈의 합과 짝수 눈의 합이 동일한 조합은 다음 18가지다.

(첫 번째, 두 번째, 세 번째):

(2, 1, 1), (1, 2, 1), (1, 1, 2),

(4, 1, 3), (1, 4, 3), (1, 3, 4),

(4, 3, 1), (3, 4, 1), (3, 1, 4),

(6, 1, 5), (1, 6, 5), (1, 5, 6),

(6, 5, 1), (5, 6, 1), (5, 1, 6),

$$(6, 3, 3), (3, 6, 3), (3, 3, 6)$$

따라서 구하려는 확률은 다음과 같이 얻을 수 있다.

$$\text{구하려는 확률} = \frac{18}{216} = \frac{1}{12}$$

3 기댓값의 개념

이익을 최대화하는 매입 수

기댓값이라고 하면 무엇이 떠오르는가?

학교 교과서에서는 기댓값을 복권을 예시로 배우기도 하니 아마도 다음처럼 시시한 복권을 상상하지는 않았을까?

	당첨금	개수
1등	1000원	1개
2등	100원	2개
3등	10원	3개
꽝	0원	4개

이 복권을 1개 뽑아 받을 수 있는 당첨금의 평균값은 다음과 같다.

$$\frac{1000 \times 1 + 100 \times 2 + 10 \times 3}{10} = 123 \text{ (원)}$$

이를 '복권 1개를 뽑았을 때 받을 수 있는 당첨금의 기댓값'이라고 한다.

위 식의 좌변은 다음처럼 바꾸어 쓸 수 있다.

$$1000 \times \frac{1}{10} + 100 \times \frac{2}{10} + 10 \times \frac{3}{10}$$

일반적으로 복권을 1개 뽑았을 때 당첨금의 기댓값은 다음 식으로 나타낼 수 있다.

1등 당첨금 × 1등에 당첨될 확률 + 2등 당첨금 × 2등에 당첨될 확률 + ……
+ 꼴찌 당첨금 × 꼴찌에 당첨될 확률

그런데 학교 교육에서는 '기댓값이라고 하면 복권'이라고 생각될 만큼 너무 응용 범위가 좁다. 이 책에서는 응용 범위를 넓혀서 실생활에서 기댓값을 가르쳐주고 싶다.

지금부터 십몇 년 전, 대학생이 취직하기 힘들었던 시절에 오비린대학교에서 취직위원장 보직을 맡고 있었다. 적성검사에서 비언어 분야의 수리 성적을 올리는 것이 중요하다고 이해한 점도 있어서 당시 2학기 목요일 야간에 '취업을 위한 초등수학'이라는 무료 강의를 하며 학생들을 격려했다.

확률이나 기댓값 수업을 했을 때, 여담이지만 몇 번인가 다음과 같은 이야기를 한 기억이 난다.

"한 회사의 채용시험에 합격할 확률이 $\frac{1}{10}$ 이라도, 그런 회사를 20곳 지원하면 채용 기댓값은 2곳이 되죠. '총을 못 쏘는 사람도 많이 쏘다 보면 맞춘다'라는 일본 속담을 떠올리며 힘내봅시다."

위 이야기는 간단한 응용 예시이지만 다음은 비즈니스에서 응용하는 예로, 슈퍼마켓에서 가공식품을 매입하는 경우를 살펴보자.

매입은 20개 단위로 할 수 있고 매입했을 때의 이익은 1개당 400원, 팔리지 않았을 때의 손실은 1개당 900원으로 가정하면 손님의 구입 희망 합계 수를 다음과 같이 예측한다.

구입 희망 합계 수	151~170개	171~190개	191~210개	211~230개	231~250개
그 확률	5%	30%	40%	20%	5%

먼저 위 표를 편의상 다음과 같이 바꾸어 적어 본다.

구입 희망 합계 수	160개	180개	200개	220개	240개
그 확률	5%	30%	40%	20%	5%

그리고 이 표를 바탕으로 160개, 180개, 200개, 220개를 매입한 경우에 대해서 이익의 기댓값을 각각 구한다.

단, 240개를 매입하면 확실하게 손해이기 때문에 그 경우에 대해서는 검토하지 않아도 된다.

(가) 160개 매입한 경우

$$400 \times 160 = 64000 \text{ (원)}$$

(나) 180개 매입한 경우

$$(\text{정확히 160개 구입한 경우의 이익}) \times \frac{5}{100}$$
$$+ (\text{정확히 180개 구입한 경우의 이익}) \times \frac{95}{100}$$
$$= (-900 \times 20 + 400 \times 160) \times \frac{5}{100}$$
$$+ 400 \times 180 \times \frac{95}{100} = 70700 \text{ (원)}$$

(다) 200개 매입한 경우

$$(\text{정확히 160개 구입한 경우의 이익}) \times \frac{5}{100}$$
$$+ (\text{정확히 180개 구입한 경우의 이익}) \times \frac{30}{100}$$

$$+ (\text{정확히 200개 구입한 경우의 이익}) \times \frac{65}{100}$$

$$= (-900 \times 40 + 400 \times 160) \times \frac{5}{100}$$

$$+ (-900 \times 20 + 400 \times 180) \times \frac{30}{100}$$

$$+ 400 \times 200 \times \frac{65}{100} = 69600 \text{ (원)}$$

(라) 220개 매입한 경우

$$(\text{정확히 160개 구입한 경우의 이익}) \times \frac{5}{100}$$

$$+ (\text{정확히 180개 구입한 경우의 이익}) \times \frac{30}{100}$$

$$+ (\text{정확히 200개 구입한 경우의 이익}) \times \frac{40}{100}$$

$$+ (\text{정확히 220개 구입한 경우의 이익}) \times \frac{25}{100}$$

$$= (-900 \times 60 + 400 \times 160) \times \frac{5}{100}$$

$$+ (-900 \times 40 + 400 \times 180) \times \frac{30}{100}$$

$$+ (-900 \times 20 + 400 \times 200) \times \frac{40}{100}$$

$$+400 \times 220 \times \frac{25}{100} = 58100\ (\text{원})$$

따라서 180개를 매입하는 것이 좋다는 답을 알 수 있다.

다음은 인생 최고의 기댓값 계산이라고 했을 때 떠올리는 이야기다.

2010년 9월 21일에 제1회 AKB48[1] 가위바위보 대회가 열렸다. 대회 약 10일 전에 『AKB48 가위바위보 선발 공식 가이드북』(국내 미발간)이 출간되었는데, 그 책에 '(선거로 뽑힌) 총선거 베스트 16(인) 중, 몇 명이 가위바위보 선발 베스트 16(인)에 들어갈까?'하는 인원수의 기댓값 계산을 의뢰받아 집필했다.

그 합계 결과는 다음 페이지에 적은 것처럼 4.25명이지만 가위바위보 대회 당일까지 불안해서 참을 수 없었다. 맞으면 기쁘겠지만 예측이 빗나가면 부끄러울 것이기 때문이었다.

당일 밤, 쭈뼛거리며 확인해 보니 놀랍게도 그 인원수는 4명이었다. 최고로 기뻤지만, 그 사건 이후 매스컴에서 기댓값 계산 의뢰가 몇 번 들어왔으나 전부 거절했다.

이유는 '박수칠 때가 떠날 때'라고 깨달았기 때문이다.

---

1 일본의 인기 아이돌 그룹으로, 특정 지역을 거점으로 한 여러 팀으로 구성된 대형 그룹이다. 2018년까지는 모든 팀원을 대상으로 총선거라는 이름의 인기투표를 진행했다.

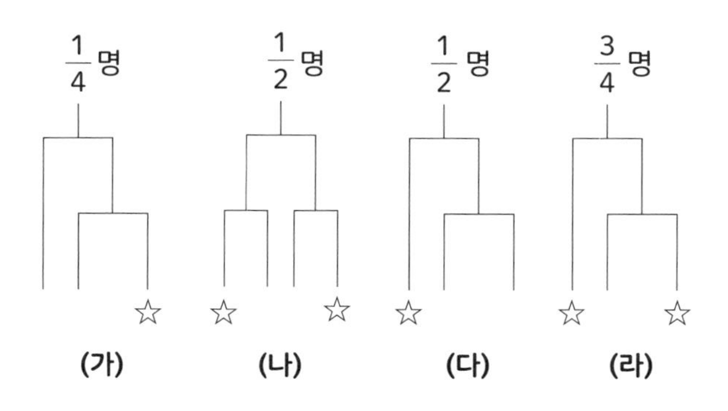

먼저 위 그림을 보자.

위 그림에서 ☆은 총선거 베스트 16인 멤버라고 하자.

(가) 블록에서는 총선거 베스트 16인 멤버가 $\frac{1}{4}$명이 이겨 올라간다고 이해할 수 있다. 그리고 (나)에서는 $\frac{1}{2}$명, (다)에서는 $\frac{1}{2}$명, (라)에서는 $\frac{3}{4}$명이 이겨 올라간다고 이해할 수 있다. 물론 2명이 하는 개별 가위바위보의 승패는 모두 막상막하라고 가정한다.

(가), (나), (다), (라) …… 처럼 가위바위보 선발 베스트 16인을 결정하는 소그룹은 전부 16개다. 그리고 여기에서 구한 바와 같이 이겨서 올라가는 인원수의 기댓값 16개를, 실제로 가위바위보 토너먼트 표를 사용해 전부 더해 보았는데 그 결과가 4.25명이었던 것이다.

이 외에도 AKB48 그룹에 관한 몇 가지 추억이 있다.

2016년 2월쯤, "(일본 외의 나라를 제외한) AKB48 그룹에서 최근 2개월간 7명이나 졸업 의사를 밝혔는데 너무 많은 거 아닌가?" 하는 내용이 크게 화제가 되었다.
지금부터 너무 많은 인원수가 아니라 적당한 수라고 설명하려고 한다. 단, 전제로 멤버는 평균 7~8년 재적한다고 가정한다.

2개월간 7명이 졸업한다는 것은 1년에 42명이 졸업한다는 뜻이 된다. 만약 AKB48 그룹의 멤버 인원수가 늘어나지도 줄어들지도 않는 상태가 유지된다고 생각하면 매년 42명이 졸업하고 42명이 가입하는 것이 된다.
매년 가입하는 42명이 딱 7년 재적한 후 졸업한다고 가정하면, AKB48 그룹 멤버의 총 재적인원수는 아래 그림을 참고해 매년 42명×7년을 계산하면 294명이다.

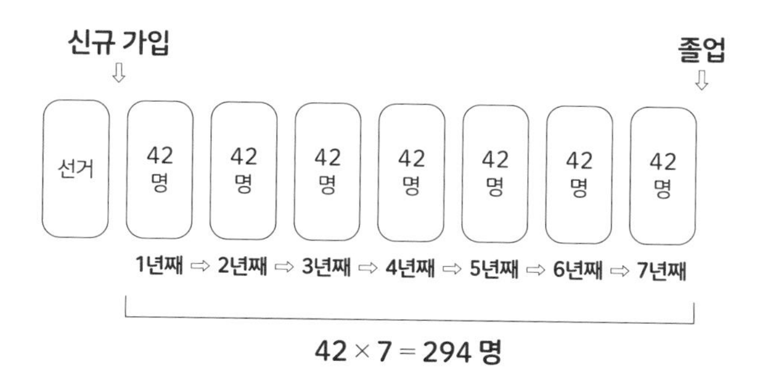

2016년 2월쯤 AKB48 그룹의 재적인원수는 307명이었다.
따라서 1년에 졸업하는 42명이라는 수는 재적 기간을 7년이라고 가정하면 재적 인원수가 307명인 당시에 알맞은 수라고 할 수 있다.

당시 상황을 나눗셈으로 계산하면 다음과 같다. 재적인원수가 307명, 재적 기간이 7년이라는 상태가 변하지 않고 계속된 경우, 다음과 같이 계산할 수 있다.

307 ÷ 7 ≒ 43.857

매년 약 43.9명의 신인이 가입하고, 매년 약 43.9명의 베테랑이 졸업하는 상태가 딱 적당한 것이다.
이런 이유로 AKB48 그룹에서 멤버가 대략 7년 재적한다고 생각하면 2개월 동안 7명의 졸업, 즉 1년에 졸업한 42명은 너무 많은 인원이 아니라 균형 잡힌 인원인 것이다. 참고로 2023년 10월 시점으로 AKB48 그룹의 재적인원수는 295명이다.

위에서 소개한 나눗셈을 이용한 방식은 지금부터 약 30년 가까이 전에 보험수학을 배우고 있을 때 깨달은 것인데, 기댓값 계산은 이와 같은 내용에도 관련이 있다.

다음에서 기댓값을 이용해 생각한 게임을 2개 소개한다.

첫 번째 게임은 1부터 12까지 12개의 숫자가 각 면에 적힌 정십이면체를 사용한 게임이다.
게임 규칙은 이 정십이면체를 최대 3회까지 던져서 마지막으로 나온 눈의 수를 점수로 얻는다. 그러므로 1회만 던진 단계에서 종료하는 것도, 2회만 던진 단계에서 종료하는 것도, 3회까지 던지고 종료하는 것도 자신의 의사로 결정할 수 있다.

그리고 되도록 높은 점수를 얻는 것이 목표인 게임이다.

어떤 전략으로 접근하면 좋을까?

구체적으로 살펴보자. 첫 번째에 1이 나오고 두 번째에도 1이 나오면 세 번째에 도전하는 것은 당연하다. 그리고 첫 번째에 12가 나오면 당연히 멈추어야 한다. 하지만 첫 번째에 예를 들어, 8의 눈이 나왔을 때, 그 단계에서 멈출지 말지 망설이게 된다. 이 게임을 다음처럼 기댓값으로 생각해 보자.

그 전에 기댓값에 대해 한 번 더 복습해 두자.

지금 주머니 안에 9점 구슬이 1개, 5점 구슬이 3개, 2점 구슬이 6개가 각각 들어 있다고 한다. 구슬 10개의 모양과 크기가 모두 같다고 하면 무작위로 1개를 뽑았을 때 9점 구슬을 뽑을 확률은 $\frac{1}{10}$, 5점 구슬을 뽑을 확률은 $\frac{3}{10}$, 2점 구슬을 뽑을 확률은 $\frac{6}{10}$ 이다.

이때 무작위로 1개를 집었을 때의 득점 기댓값은 각 점수와 그 확률을 곱한 뒤 모두 더한 값이 된다.

$$9 \times \frac{1}{10} + 5 \times \frac{3}{10} + 2 \times \frac{6}{10}$$

$$= \frac{9 + 15 + 12}{10} = \frac{36}{10} = 3.6$$

다시 정십이면체를 사용한 게임으로 돌아가서 생각해 보자.

먼저 2회째 시행이 끝난 단계에서 3회째 던질 때의 득점 기댓값은 다음과 같다.

$$1 \times \frac{1}{12} + 2 \times \frac{1}{12} + 3 \times \frac{1}{12} + \cdots\cdots + 11 \times \frac{1}{12} + 12 \times \frac{1}{12}$$

$$= (1 + 2 + 3 + 4 + 5 + 6 + 7 + 8 + 9 + 10 + 11 + 12) \div 12 = 6.5$$

그러므로 2회째 시행한 단계에서는 그 눈이 6 이하라면 3회째에 도전하고, 7 이상이라면 3회째에 도전하지 않기로 하는 것이 좋다.

그렇다면 1회째 시행이 끝난 단계에서는 어떨까? 위에서 결정한 대로 2회째에 도전한 경우의 득점 기댓값은 다음과 같다.

$$7 \times \frac{1}{12} + 8 \times \frac{1}{12} + 9 \times \frac{1}{12} + 10 \times \frac{1}{12} + 11 \times \frac{1}{12} + 12 \times \frac{1}{12} + 6.5 \times \frac{1}{2} = 8$$

이것은 2회째에 7에서 12까지의 눈이 나오면 그때는 멈추고, 2회째에 1에서 6까지의 눈이 나오면 3회째에 도전하는 경우의 득점 기댓값을 계산한 것이다.

또한 2회째에 7, 8, 9, 10, 11, 12가 나올 확률은 모두 $\frac{1}{12}$ 이고, 2회째에 1에서 6까지의 눈이 나올 확률은 $\frac{1}{2}$ 이다.

그러므로 1회째에 9 이상의 눈이 나오면 그 단계에서 멈추고 1회째에 7 이하의 눈이 나오면 2회째에 도전하고, 1회째에 8의 눈이 나오면 2회째에 도전할지 말지 자신의 기분에 따라 결정하면 된다.

다른 게임 하나는 이른바 '게임 이론'의 예가 되는 것이다. 결론만 소개하겠지만 기댓값의 개념은 특히 게임이론에서 살아난다. 확률론을 조직적으로 연구하기 시작한 것은 17세기부터였으나 인간의 의사가 개입된 게임 이론을 조직적으로 연구하기 시작한 것은 20세기의 일이었다.

본격적으로 두 번째 게임에 대해 알아보자. A와 B 두 사람은 바위 또는 보만 낼 수 있는 가위바위보를 반복한다. 물론 바위와 보는 각자의 의사로 결정한다고 하자. 그리고 매번 다음처럼 점수를 얻는다. 이 게임은 어느 쪽이 유리할까?

A	B	A	B
바위	바위	0	6
바위	보	3	0
보	바위	3	0
보	보	0	1

지금 A가 바위를 낼 확률을 $x(0 \leq x \leq 1)$, B가 바위를 낼 확률을 $y(0 \leq y \leq 1)$, 가위바위보 1회로 얻을 수 있는 A의 득점 기댓값을 α, 가위바위보 1회로 얻을 수 있는 B의 득점 기댓값을 β라고 하면 $\alpha = \beta$와 다음 식이 동치(같은 의미)라는 것을 알 수 있다(이 문제의 계산은 저서 『상위 1%를 위한 SKY 수학(상)』 참고).

$$\left(x - \frac{4}{13}\right) \times \left(y - \frac{4}{13}\right) = \frac{3}{169}$$

이 식은 xy좌표평면 위에서 다음과 같은 쌍곡선이 된다($0 \leq x \leq 1$, $0 \leq y \leq 1$에 유의).

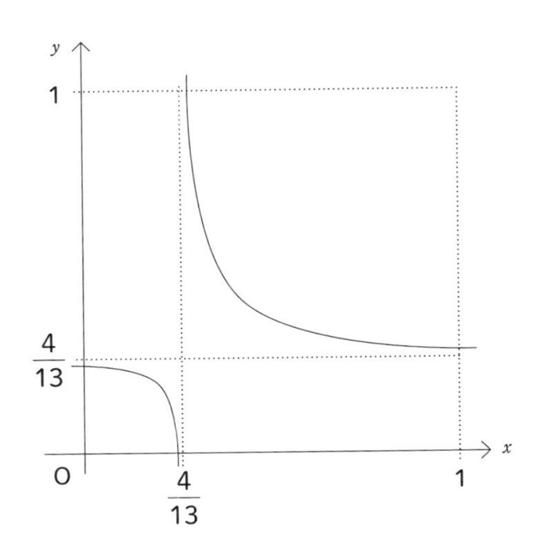

따라서 네 점 $(0, 0)$, $(1, 0)$, $(1, 1)$, $(0, 1)$으로 둘러싸인 정사각형 부분에서 A와 B가 대등한 것은 쌍곡선 위에 있을 때다.

또한 점 (1, 0), (0, 1) 위에서는 분명하게 A가 유리하다. 그러므로 쌍곡선에 끼인 부분에서는 A가 유리하고, 쌍곡선의 바깥쪽 부분에서는 B가 유리하다. 특히 A는 $x=\frac{4}{13}$ 일 때, 즉 $\frac{4}{13}$ 확률로 바위를 낼 때 항상 유리하다. 예를 들어, A는 B가 보지 못하도록 52매 트럼프 카드에서 1장을 미리 뽑은 다음, 그 카드가 잭, 퀸, 킹, 에이스라면 바위를 내고, 그 외의 카드라면 보를 내면 된다.

또, 이 게임에 대해서는 실제로 두 사람이 해보면 재밌다. 예전에 학생들과 해보고서 게임의 전략에 대해 설명했던 그리운 추억이 떠오른다.

복습 문제

A와 B는 바위 또는 보만 낼 수 있는 가위바위보를 반복한다. 그리고 매번 다음처럼 점수를 얻는다고 하자. A와 B가 바위를 낼 확률은 둘 다 $\frac{1}{3}$ 일 때, 이 게임의 유불리를 논해라.

A	B	A	B
바위	바위	4	0
바위	보	0	2
보	바위	0	2
보	보	1	0

가위바위보를 1회 했을 때 A와 B의 득점 기댓값을 각각 α와 β라고 하면 아래의 식이 성립한다.

$$\alpha = 4 \times (\text{A 가 바위를 낼 확률}) \times (\text{B 가 바위를 낼 확률})$$
$$+1 \times (\text{A 가 보를 낼 확률}) \times (\text{B 가 보를 낼 확률})$$
$$= 4 \times \frac{1}{3} \times \frac{1}{3} + 1 \times \left(1 - \frac{1}{3}\right) \times \left(1 - \frac{1}{3}\right)$$
$$= \frac{4}{9} + \frac{4}{9} = \frac{8}{9}$$

$$\beta = 2 \times (\text{A 가 바위를 낼 확률}) \times (\text{B 가 보를 낼 확률})$$
$$+ 2 \times (\text{A 가 보를 낼 확률}) \times (\text{B 가 바위를 낼 확률})$$
$$= 2 \times \frac{1}{3} \times \left(1 - \frac{1}{3}\right) + 2 \times \left(1 - \frac{1}{3}\right) \times \frac{1}{3}$$
$$= \frac{4}{9} + \frac{4}{9} = \frac{8}{9}$$

따라서 A와 B가 둘 다 $\frac{1}{3}$ 확률로 바위를 낼 때 이 게임은 대등하다.

4 통계의 개념

지니계수로 소득격차 알아보기

이번 절에서는 다양한 분야에서 필요한 통계분석의 기초에 관해서 배워 보자.

신뢰도 높은 통계 자료를 얻기 위해서 누구나 생각해 내는 방법은 편향 없는 데이터를 가능한 한 많이 모으는 것이다.

구체적인 예를 살펴보자. A와 B 누구를 지지하는지 묻는 설문조사를 1000명과 10000명을 대상으로 한 결과, 1000명 조사에서는 A가 528명, B가 472명, 10000명 조사에서는 A가 5103명, B가 4897명이라는 결과가 나왔다고 한다. 이 경우, '1000명 조사에서는 A가 53%, 10000명 조사에서는 A가 51%이기 때문에 1000명 조사에서는 A가 유리하다고 말할 수 있지만 10000명 조사에서는 미묘하다고 말할 수 있을 것이다'라고 생각하는 사람들이 의외로 많다.

그런데 '유의수준 5%'라는 '검정' 방식을 이용하면 10000명을 조사한 데이터에서는 'A가 유리하다'라고 말할 수 있고, 1000명을 조사한 데이터에서는 'A가 유리하다'고는 말할 수 없다(저서 『상위 1%를 위한 SKY 수학(하)』 참고).

이처럼 통계분석에서는 비율인 '%'만이 아니라 '데이터 수'도 중요하게 검토해야 한다.

또한 설문조사 같은 통계조사 단계에서도 중요한 문제가 있다. 바로 질문의 '방식'

이다.

아래의 예에서도 알 수 있듯이 조사 결과에 중대한 영향을 끼치기 때문이다.

(1) 일본의 경기회복을 기대하는 세계적 상황을 설명한 뒤에 추가적인 경기대책의 타당성을 질문한 경우와 일본의 국채나 지방채의 잔액을 설명한 뒤에 추가적인 경기대책의 타당성을 질문한 경우.

(2) 취미를 먼저 물어본 후에 사고 싶은 물건을 물어보는 경우와 사고 싶은 물건을 먼저 물은 후에 취미를 물어보는 경우.

(3) 회사 내에서 조사할 때, 상사를 신경 쓰지 않아도 되는 경우와 신경 써야 하는 경우.

(4) 시간을 충분히 주고 질문하는 경우와 서둘러서 간략하게 질문하는 경우.

일반적으로 통계에 관해서 흥미로운 이야기가 여러 가지 있다. 다음에서 '가위바위보', '편찻값', '지니계수', '양적변수와 질적변수'에 대해서 순서대로 다루어 보자.

대학 입학시험의 수학 문제에서 동전의 앞면과 뒷면이 나올 확률은 모두 $\frac{1}{2}$ 이고, 주사위의 각 눈이 나올 확률은 모두 $\frac{1}{6}$ 이라는 이런 확률은 불문율로써 '가정'에 포함되어 있다.

실제로 이런 내용을 '가정'이라고 적은 입시 문제를 본 적이 없다.

그렇다면 가위바위보 문제에 가위, 바위, 보를 낼 확률은 각각 $\frac{1}{3}$ 이라는 '가정'을 적지 않아도 될까? 이 건에 대해서는 예전에 도쿄이과대학교에서 근무했을 때 대학원생과 함께 1990년대의 대입 시험에 나온 '가위바위보 확률 문제'를 10년 동안의 수험잡지 게재분으로 조사한 적이 있다.

그 결과, 문제에 제시된 가정에 '가위, 바위, 보는 각각 $\frac{1}{3}$ 확률로 낸다고 하자'는 단서가 있는 문제와 없는 문제가 거의 반반이었다. 물론 그 가정의 유무 때문에 분쟁이 벌어진 적은 과거에 한 번도 없을 것이다.

하지만 대학 입학시험 문제의 성격을 생각하면 가위바위보 문제에는 일단 그 문구를 가정으로 넣어두는 편이 무난할 것이다.

그 이유가 되는 데이터를 다음에서 소개한다.

1990년대 후반에 당시 근무하던 조사이대학교 수학과 4학년 연구 모임에서 학생 10명에게 노트를 건네고 방대한 가위바위보 데이터를 받았다.

그 노트는 지금도 소중하게 보관하고 있는데, 725명에게 받은 총 11567회의 가위바위보 데이터 기록이 남아 있다. 725명이 각각 10~20회 가위바위보를 해서 얻은 데이터이고, 다음과 같은 집계 결과가 나왔다.

총 11567회의 가위바위보 데이터 내역에는 가위가 3664회, 바위가 4054회, 보가 3849회 있었다.

이 데이터로 사람은 일반적으로 바위를 많이 내고, 가위를 적게 낸다는 것을 알 수 있다. 그러므로 '일반적으로 가위바위보에서 보가 유리하다'고 말할 수 있다.
그 데이터에 대해서 심리학적으로는 '인간은 경계심이 높아지면 주먹을 쥐는 경향이 있다'고 설명하기도 하고, '가위는 바위나 보에 비해서 내기 어려운 손 모양이다'라고 설명하기도 한다.

또한 그 데이터에서 다른 특징도 발견했다. 가위바위보를 2회 연속한 횟수는 총 10833회였는데, 그중 동일한 손을 연속으로 낸 횟수는 2465회였다. 예를 들어, 가위바위보를 10회 했는데, 순서대로 바위, 바위, 보, 가위, 바위, 보, 보, 보, 가위, 바위를 냈다면 그중 1회째와 2회째, 6회째와 7회째, 7회째와 8회째가 동일한 손을 반복해서 낸 것이 된다.
이 예에서는 '2회 연속으로 가위바위보를 한 횟수는 총 9회이고, 그중 동일한 손을 연속으로 낸 횟수는 3회'다.
10833회 중에서 2465회라는 수는 '인간이 같은 손을 연속으로 내는 비율은 $\frac{1}{3}$ 보다도 적고 $\frac{1}{4}$ 정도밖에 안 된다'라는 것을 의미한다.
이에 '2명이 가위바위보를 해서 비겼다면 다음에는 냈던 손에 지는 손을 내면 이기거나 무승부가 될 확률이 $\frac{3}{4}$ 이나 되어 유리하다'는 결론을 얻을 수 있다.
바위와 바위로 무승부가 되었다면 다음에는 가위를 내면 유리하고, 가위와 가위로 무승부가 되었다면 다음에는 보를 내면 유리하고, 보와 보로 무승부가 되었다면 바위를 내면 유리하다.

또한 이러한 데이터에 대해서는 몇 번인가 TV에 출연해 소개한 적도 있지만,'가위바위보 박사'가 아니기 때문에 현재는 가위바위보에 관련된 출연은 정중하게 거절하고 있다.

한편, 1980년대에 '개성 존중'이나 '다양한 인재 모집' 등의 이유로 많은 대학에서 '입시 개혁'을 시행했다. 그와 관련해서 지적하고 싶은 것이 있다.

바로 (일반 입시 중) '소수 과목 입시'다. 소수 과목 입시의 속내에는 대학 측이 '학력 편차치[1]의 낚시질'을 하는 것이 있다.

예를 들어, 영어와 사회만으로 학생을 선발하는 어떤 사립대학이 있다고 하자. A의 경우 수학과 과학의 학력 편차치는 35인데, 영어와 사회의 편차치는 70이다. B의 경우 수학, 과학, 영어, 사회 모든 과목의 편차치가 65다.

해당 대학의 수험결과에서 A는 합격하고 B는 불합격했다면 그 대학은 편차치 70인 사람은 합격했지만, 편차치 65인 사람은 불합격한 '최고로 수준 높은' 대학이 된다.

제2차 베이비붐 세대[2]가 수험생이었던 시절, 주간지에서 "드디어 MARCH[3]가 편차치에서 도호쿠대학교를 크게 앞섰다!"라는 기사가 난무하고 있었는데, 이 배경

---

1 일본에서 평균을 50으로 설정해 성적을 비교하는 방법으로 한국의 표준점수와 비슷하다.

2 1971~1974년 출생

3 일본 도쿄에 있고, 학력 편차치가 비슷한 5개의 상위권 대학교인 메이지대학교, 아오야마가쿠인대학교, 릿쿄대학교, 주오대학교, 호세이대학교를 가리키며, 각 대학의 영문 첫 글자를 따와 나열한 것이다.

에는 위와 같은 산출법이 있다.

최상위권 사립대학교의 문과 계열 학부가 이와 같은 소수 과목 입시를 도입했을 무렵에는 입시 필수과목에서 한 과목을 제외하면 학력 편차치가 5포인트 상승한다는 것이 당시의 계산이었다. 제외 대상으로 가장 먼저 표적이 된 과목은 말할 것도 없이 수학이다.

최상위권 사립대학교가 시작했기 때문에 중위권 이하의 사립대학은 이념 같은 것은 내팽개치고 편차치 경쟁에서 지지 않기 위해 소수 과목 입시를 잇달아 도입한 것이다.

최근에 와세다대학교 정치경제학부에서 입시에 수학을 필수로 지정한 것이 화제가 된 만큼, 편차치에 관해서는 정의부터 이해했으면 한다(저서 『상위 1%를 위한 SKY 수학(하)』 참고).

한편 소득격차를 둘러싼 논의는 해마다 고조되고 있다. 격차 문제를 이야기할 때 자주 이용되는 지니계수에 대해서 예를 들어 알아 보자.

우선 국민이 3명으로 구성된 2개국 가와 나를 가정하고 각각의 국민을 연 수입이 낮은 사람부터 나열해 다음과 같이 적었다(단위는 만 원).

(가국) 300, 900, 1200

(나국) 200, 200, 2000

가국보다 나국이 소득격차가 큰 나라라고 생각할 것이다. 다만 두 나라의 국민 평균 연 수입은 모두 800(만 원)이다. 실제로 계산하면 아래와 같다.

$$\text{가국의 평균 연 수입}\quad \frac{300+900+1200}{3}=\frac{2400}{3}=800$$

$$\text{나국의 평균 연 수입}\quad \frac{200+200+2000}{3}=\frac{2400}{3}=800$$

여기에서 지니계수를 산출하는 데 필요한 그래프를 준비해 보자.

가국에서 연 수입이 가장 적은 1명의 총 연 수입은 300(만 원)이고, 연 수입이 적은 순으로 2명의 총 연 수입은 아래와 같다.

$$300+900=1200\ \text{(만 원)}$$

연 수입이 적은 순으로 3명(= 전 국민)의 총 연 수입은 아래와 같다.

$$300+900+1200=2400\ \text{(만 원)}$$

이때 xy좌표평면에서 x좌표에는 인원수, y좌표에는 위에 적은 인원수만큼의 총 연 수입을 표시한다. 그 결과 가국에는 다음 세 점을 찍게 된다.

A（1, 300），B（2, 1200），C（3, 2400）

이어서 원점 (0, 0)을 O, 점 (3, 0)을 H라고 하고, 선분 OC와 CH와 꺾은선 O - A - B - C를 그려 넣으면 그림1의 그래프가 된다.

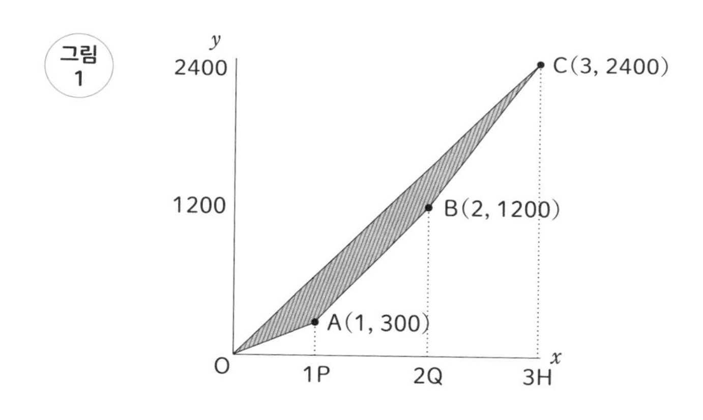

꺾은선 O - A - B - C는 1905년에 미국의 경제학자 맥스 로렌츠가 발표했으며, 로렌츠 곡선이라고 부른다.

지니계수는 로렌츠 곡선을 참고해 이탈리아 통계학자 코라도 지니가 1936년에 발표한 지표로, 선분 OC와 로렌츠 곡선 O - A - B - C로 둘러싼 선분 부분의 넓이를 삼각형 OCH의 넓이로 나눈 값이다.

이때 점 (1, 0), 점 (2, 0)을 각각 P, Q로 두면, 다음과 같이 계산해 가국의 지니계수 g를 구할 수 있다. 또한 계산식에서 각 도형은 도형의 넓이를 나타내는 것으로 한다.

$$g = \frac{\text{빗금 부분}}{\triangle \text{OCH}}$$

$$= \frac{\triangle \text{OCH} - \triangle \text{OAP} - \text{사다리꼴BAPQ} - \text{사다리꼴CBQH}}{\triangle \text{OCH}}$$

$$= \{3 \times 2400 \div 2 - 1 \times 300 \div 2 - (300 + 1200) \times 1 \div 2 - (1200 + 2400) \times 1 \div 2\} \div \triangle \text{OCH}$$

$$= \frac{3600 - 150 - 750 - 1800}{3600}$$

$$= \frac{900}{3600} = 0.25$$

다음으로 나국에 대해서도 가국에 대한 그림1과 동일한 내용의 그래프를 그림2로 나타낸 뒤, 나국의 지니계수 g를 구하면 다음과 같다.

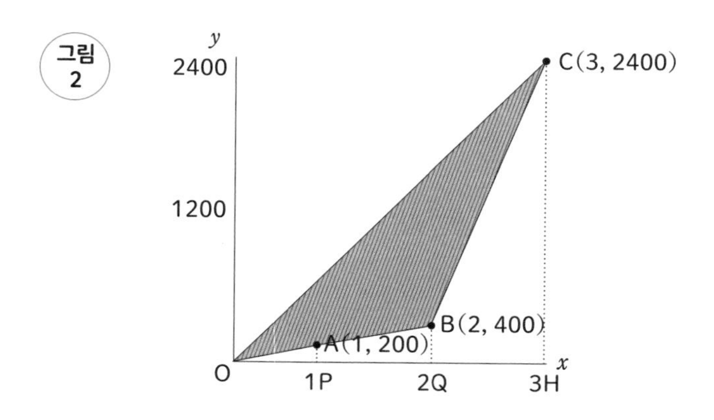

$$g = \frac{\triangle \text{OCH} - \triangle \text{OBQ} - \text{사다리꼴CBQH}}{\triangle \text{OCH}}$$

$$= \frac{3600 - 2 \times 400 \div 2 - (400 + 2400) \times 1 \div 2}{3600}$$

$$= \frac{3600 - 400 - 1400}{3600}$$

$$= \frac{1800}{3600} = 0.5$$

위 계산에서 가국의 지니계수 0.25보다도 나국의 지니계수 0.5가 크다는 것은 대응하는 빗금 부분의 넓이가 크다는 뜻이고, 이는 소득격차가 크다는 의미다.

참고로 여기에서는 간단하게 3개의 데이터로 지니계수를 설명했지만, 일반적인 경우의 설명도 똑같다.

이런 지니계수의 개념은 회사 내의 임금 격차나 학교 내의 성적 격차 분석 등 다양하게 응용할 수 있음을 언급해 두고 싶다.

지금부터는 통계에서 이용하는 데이터에 대해서 조금 자세히 알아보자.

먼저 구체적인 예로, 각 사람을 설명하는 몇 가지 정보를 정리한 다음의 데이터를 살펴보자.

(가, 나, 다, 라, 마, 바, 사, 아)

가는 이름, 나는 혈액형, 다는 국어 성적(A, B, C, F로 평가), 라는 라멘의 선호도(1……좋음, 2……좋지도 싫지도 않음, 3……싫음), 마는 출생 연도, 바는 쾌적하다고 느끼는 방의 온도(℃), 사는 한 달에 받는 용돈(원), 아는 키(cm)로 한다.

예를 들어, 나열하면 다음과 같다.

(김철수, A, B, 1, 2002, 23, 27000, 165)

이는 아래를 의미한다.

이름은 김철수, 혈액형은 A형, 국어 성적은 B, 라멘은 좋아함, 출행 연도는 2002년, 쾌적하다고 느끼는 방의 온도는 23℃, 한 달에 받는 용돈은 2만 7000원, 키는 165cm다.

처음 두 변수인 이름과 혈액형은 라벨에 적힌 명칭과 같은 유형이며, 이 유형에 순서 같은 것은 없다. 이와 같은 변수를 명목 척도라고 한다. 당연히 '김철수 + 이영희'와 같은 덧셈이나 'A형 × AB형' 같은 계산은 모두 불가능한 것에 주의해야 한다.

다음의 두 변수인 국어 성적과 라멘 선호도는 라벨에 적힌 명칭과 같은 유형이지만 둘 다 순서가 있다. 이와 같은 변수를 서열 척도라고 한다.

이런 변수에는 순서는 있어도 'A – C'라는 뺄셈이나 '{ 1 (라멘을 좋아함) + 3 (라멘을 싫어함) } ÷ 2'이라는 계산은 모두 불가능하니 주의해야 한다.

다음의 두 변수인 출생 연도와 쾌적하다고 느끼는 방의 온도는 눈금 같은 간격이 있는데, 김철수보다 12년 전에 태어난 사람은 1990년에 태어났다거나, 쾌적하다고 느끼는 방의 온도가 24°C인 사람은 김철수보다 1°C 높은 온도를 선호한다고 표현하듯이 변수를 더하거나 뺄 수 있다. 이와 같은 변수를 간격 척도라고 하는데, '2002(년) ÷ 2 = 1001(년)'이나, '23(°C) × 2 = 46(°C)' 같은 계산을 보면 알 수 있듯이 곱셈과 나눗셈에는 의미가 없음에 주의하자.

마지막 두 변수인 한 달에 받는 용돈과 키는 간격 척도의 성질이 있을 뿐만 아니라, 각각의 몇 배나 몇 % 증가 등의 계산이 가능하며 그 계산이 의미를 가진다. 이와 같은 변수를 비율 척도라고 한다.

여기에서 소개한 4개의 척도 중 명목 척도와 서열 척도를 아울러 질적 변수라고 하고, 간격 척도와 비율 척도를 아울러 양적 변수라고 한다.

참고로 이와 같이 데이터를 4개의 척도로 분류하는 방식은 스티븐스라는 심리학자가 1946년에 제안했다. 그리고 현재에도 일반적으로 데이터를 이 분류로 분석한다.

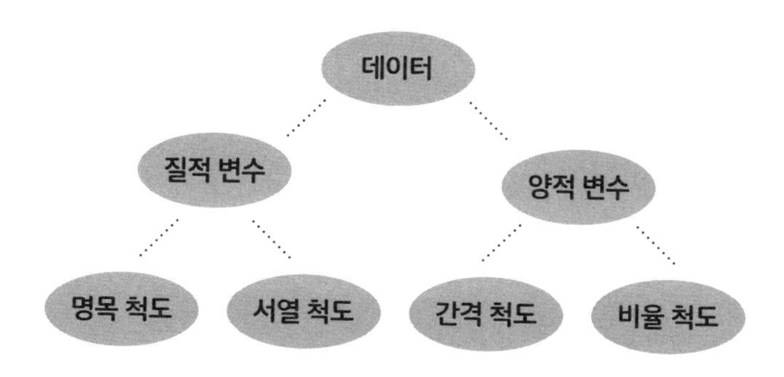

마지막으로 수집한 데이터를 시각적으로 파악하는 그래프에 대해서 정리해 두자.

막대그래프, 꺾은선그래프, 원그래프, 띠그래프 4가지가 기초다.

막대그래프는 여러 개의 대상을 비교하는 그래프다. 꺾은선그래프는 시간에 따른 변화를 나타내는 그래프다. 원그래프와 띠그래프는 비율을 나타내는 그래프인데, 원그래프는 넓이로 나타내는 것도 있고, 띠그래프는 세로로 나열해 연도별 변화를 나타내는 것도 있다.

또한 히스토그램은 막대그래프에서 파생된 그래프이며, 오른쪽처럼 도수분포를 나타낸 그래프다.

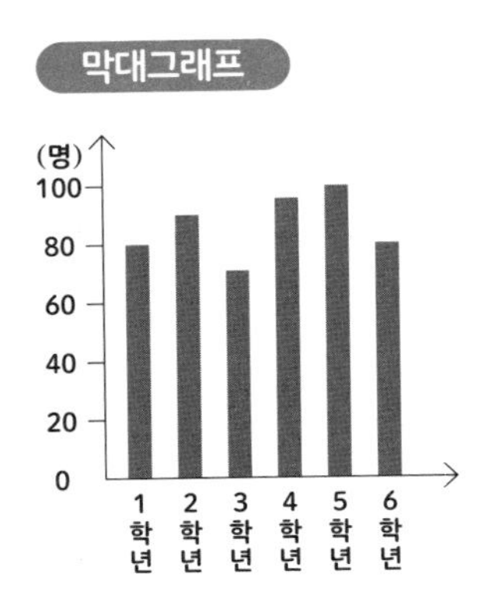

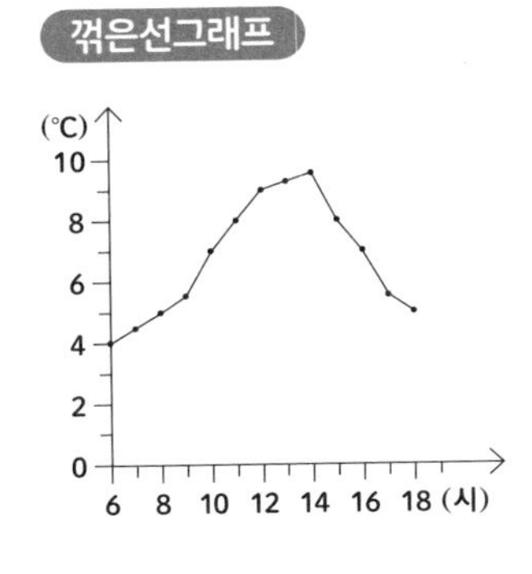

원그래프

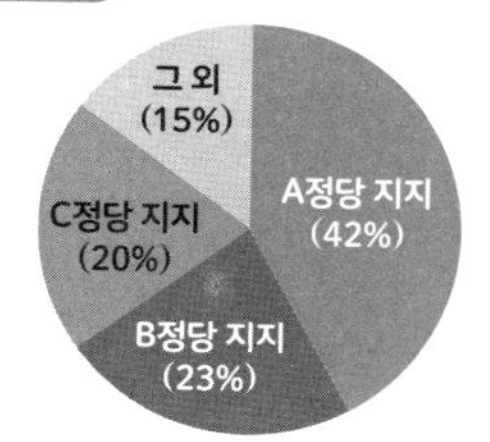

띠그래프

A정당 지지 (42%) | B정당 지지 (23%) | C정당 지지 (20%) | 그 외 (15%)

히스토그램

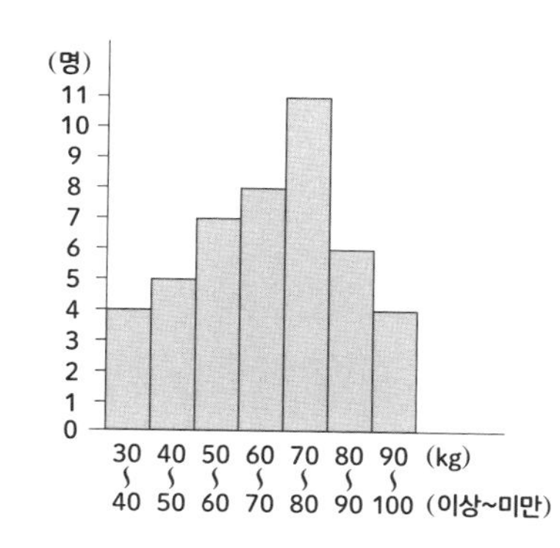

복습 문제

4명으로 구성된 가상의 나라가 있다고 했을 때 그 4명의 연 수입이 300만 원, 400만 원, 500만 원, 800만 원이라고 한다. 이 나라의 지니 계수 g를 구해라.

먼저 4명의 연간 수입(만 원)을 적은 순서대로 나열하면 다음과 같다.

300, 400, 500, 800

xy좌표평면 위에 다음 네 점을 찍는다.

A(1, 300), B(2, 300 + 400), C(3, 300 + 400 + 500),

D(4, 300 + 400 + 500 + 800)

그 결과 다음 페이지 그림1과 같은 그래프를 얻을 수 있다. 또한 (1, 0), (2, 0), (3, 0), (4, 0)을 각각 E, F, G, H라고 한다. 다음으로 O(원점), A, B, C, D의 점 5개를 순서대로 꺾은선으로 연결하고, 이어서 가장 오른쪽 위에 있는 점 D와 O와 H를 각각 연결한다. 그 결과가 그림2다.

그림 1

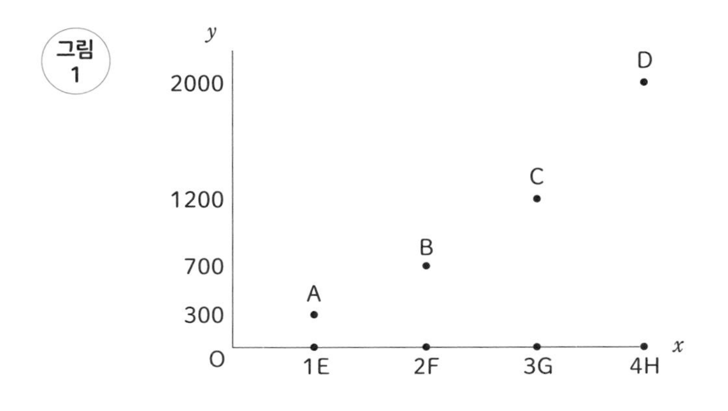

그림 2

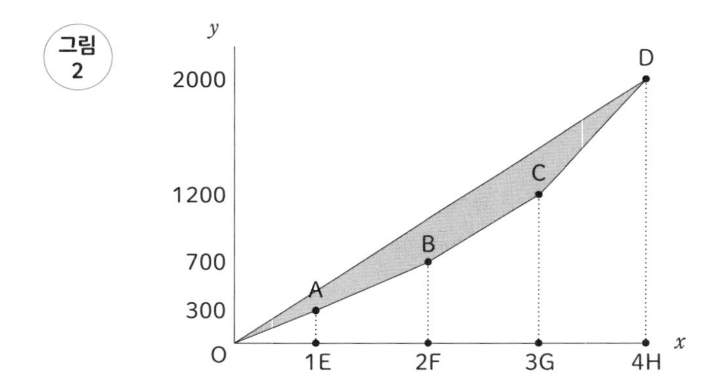

지니계수 g는 선분 OD와 O와 D를 연결하는 꺾은선(로렌츠 곡선) 사이의 넓이를 삼각형 DOH의 넓이로 나눈 값이다. 그래서 계산식은 다음과 같다.

g = (△DOH의 넓이 - △AOE의 넓이

- 사다리꼴 AEFB의 넓이 - 사다리꼴 BFGC의 넓이

- 사다리꼴 CGHD의 넓이) ÷ △DOH의 넓이

실제로 이 식을 계산하면 답을 얻을 수 있다.

$$g = \{2000 \times 4 \div 2 - 300 \times 1 \div 2$$
$$- (300 + 700) \times 1 \div 2 - (700 + 1200) \times 1 \div 2$$
$$- (1200 + 2000) \times 1 \div 2\} \div (2000 \times 4 \div 2) = 0.2$$

수학과 통계의 차이

먼저 수학에서 '피타고라스의 정리'란 '직각삼각형에서 직각을 사이에 둔 두 변 길이의 제곱의 합은 빗변 길이의 제곱과 같다'는 것이다. 이 정리는 모든 직각삼각형에서 성립하며, 가장 많이 인용된 정리다.

이번에는 통계의 예시를 확인해 보자. 대체로 인간은 무서운 것에 직면하면 주먹을 쥐는 경향이 있는 듯하다. 그래서 가위바위보를 할 때 바위를 많이 낸다는 설이 있다. 하지만 사람 중에는 무서운 것에 직면하면 보를 내듯이 손바닥을 펼치는 사람도 있을 것이다. 그래서 수학적인 정리와는 다르게, 통계에서는 어떤 경향이 있을 때 수집한 데이터에서 "유의미한 차이를 가지고 ~ 한 성질을 말할 수 있다"라고 이야기한다.

TV를 보고 있으면 그 부분을 무시하는 듯한 강경한 주장이 나오는 때도 있어 유감스럽다. 반면 평소에 수학적 증명을 생각하는 사람은 일반적으로 논의가 취약한 부분에 주의를 기울이는 특징이 있다.

논리

‘모든 학생은 휴대전화를 가지고 있다’는 명제의 부정문

“반대로 말하면……”이라는 말을 가끔 들을 것이다.

예를 들어, A 씨가 “18세 이상의 국민은 선거권이 있습니다”라고 말했다고 하자. 그 말을 들은 B 씨가 “반대로 말하면 저번 선거 때 C 씨가 투표하러 갔었잖아. 그러니까 C 씨는 동안이지만 18세 이상이구나” 하고 이야기하는 경우가 있다.

이 ‘반대로(역, 逆)’라는 단어는 사실 주의해서 사용해야 한다. 관련해서 ‘역이 반드시 참은 아니다’라는 예전부터 잘 알려진 속담이 있다.

사실 약 15년 전만 해도 문과와 이과 관계없이 대부분의 대학생이 일반적인 교양 수업에서 이 속담을 알고 있었다.

그런데 현재는 극히 일부 대학을 제외하면 대학생들 대부분이 그 속담을 모른다.

‘1000원을 가지고 있으면 카레를 먹을 수 있다’는 옳은 명제일 것이다. 하지만 ‘카레를 먹을 수 있다면 1000원을 가지고 있다’는 옳다고 말할 수 없을 터다.

이처럼 그 속담을 모르면 일상생활에서도 어려움을 겪을 수 있다. 더욱이 초등수학·수학의 세계에서는 매우 중요하다.

‘$a > 1$, $b > 1 \Rightarrow$(이라면) $a + b > 2$, $a \times b > 1$’

위 명제는 옳다.

$$`a + b > 2,\ a \times b > 1 \Rightarrow a > 1,\ b > 1'$$

그렇다면 이 문장의 역인 위 명제가 옳은지를 생각해 보자.

이 역은 틀렸다.

$$a = 5,\quad b = 0.5$$

왜냐하면 예를 들어, 위처럼 가정하면 이 명제는 성립하지 않기 때문이다.

'역' 다음으로 명제의 '부정문'에 대해 말하고 싶다.

'날씨가 좋다' ⇨ '친구 집으로 놀러 간다'

위와 같은 약속에 대해서 생각해 보자.

수학적 '논리'의 세계에서는 비가 올 때 놀러 가도, 놀러 가지 않아도 약속을 어긴 것이 아니다. 약속을 어기게 되는 것은 날씨가 좋은데 놀러 가지 않았을 때뿐이다. 이것은 일상 회화의 세계와 다르기 때문에 특히 주의해야 한다.

정확하게 말하자면 '$p \Rightarrow q$'의 부정문은 'p이지만 [q가 아니다]'이지, '$p \Rightarrow$ [q가 아니다]'는 틀린 표현이다.

가끔 적당한 기회를 이용해서 대학생이나 고등학생이 위 내용을 제대로 이해할 수 있도록 설명하고 있다. 그런데 어느 날, 알고 지내던 고등학교 수학 교사 중 몇 명이 '$p \Rightarrow q$'의 부정문을 몰라서 곤란했던 기억이 추억으로 남아 있다.

다음에서 '업무 계산'에 관한 예를 하나 확인해 보자.

예제

A, B, C 3명이 있고, 어떤 일을 3명이 함께해도 1시간 이상이 걸린다고 한다. 이때 1명이 혼자 그 일을 하면 2시간 이상 걸리는 사람이 적어도 2명 있다.

이 예가 성립함은 결론을 부정해 모순을 이끌어내는 귀류법으로 증명할 수 있다. 참고로 다음 논의처럼 범죄 용의자라고 의심받는 사람이 범행 시각에 '알리바이'가 입증되어 무죄가 되는 과정도 귀류법의 한 사례다.

A 씨가 범인이라면 A 씨는 범행 시각에 범행 현장에 있어야 한다. 하지만 범행 시각에 A 씨가 술집에서 술을 많이 마시고 있었다는 복수의 증언이 나왔다. 이것은 모순이므로 A 씨는 범인이 아니다.

다시 예제로 돌아가서 귀류법으로 증명하면 다음과 같다.

3명이 같이 일해도 1시간 이상이 걸리고, '혼자서 그 일을 했을 때 2시간 이상이 걸리는 사람이 1명 이하밖에 없다'라고 가정해서 모순을 이끌어내 보자.

그 가정에 따라 3명 중 적어도 2명은 혼자서 그 일을 2시간 미만에 끝낼 수 있게 된다. 그 2명을 x와 y라고 하면 x와 y는 둘 다 혼자서 1시간에 전체 작업의 절반 이상을 완료할 수 있게 된다.

그러므로 x와 y 두 사람이 같이 일하면 1시간보다 짧은 시간으로 일을 끝낼 수 있기 때문에 '3명이 같이 해도 1시간 이상이 걸린다'라는 최초의 전제에 어긋나서 모순된다. 따라서 1명이 혼자서 그 일을 할 때 2시간 이상이 걸리는 사람이 적어도 2명이 있다는 것이 된다.

실은 도쿄이과대학교에 재직 중일 때 수학과 입학시험에 '귀류법을 설명하라'는 서술형 문제가 출제되었다. 이후 그 문제가 〈아사히신문〉 1면에도 게재되었던, 그리운 추억이 있다.

대체로 귀류법을 이용해 증명하는 사람은 "어디라도 상관없으니 일단 '모순'을 이끌어내자"라는 심정이 되기 쉽다. 그러나 이는 때때로 실수를 초래해 큰 문제를 일으킬 수 있으므로 귀류법으로 증명할 때는 특히 겸허한 자세가 필요하다.

다음으로 말하고 싶은 것은 '모든'과 '어떤'의 용법이다.

최근 다양한 곳에서 "저는 문과 수학을 배웠는데, AI시대를 앞두고 기계학습의 기초가 되는 수학을 배우는 게 가능할까요?"하는 질문을 받는다.

대체로 수학의 내용을 자세히 묻는 사람이 많은데 나는 "'모든'과 '어떤'의 용법, 특히 그 부정문을 제대로 이해하는 것이 중요합니다" 하고 답한다.

실제로 고등학교 수학을 잘 '이해'한 사람에게는 대학수학 입문이 어렵지 않다. 그 이유는 미적분이든, 선형대수학이든 기초 부분의 핵심에는 '모든'와 '어떤'의 용법이 있기 때문이다. 한편, 고등학교 수학을 '계산'만으로 넘겨온 사람은 대학수학 입문에서 상당히 고생할 것이다.

이제부터 '모든(all)'과 '어떤(some)'의 용법이 초등수학 · 수학 교육 전반에 깊이 연관되어 있음을 언급하고자 한다.

그 전에 유의해야 하는 점은 영어권 아이들이라면 'all'과 'some'의 사용법을 몸에 익히면서 자랐겠지만 일본 아이들은 그렇지 않다는 것이다.

그뿐만 아니라 일본에서 고등학교까지의 초등수학 · 수학 교육에서는 '모든'과 '어떤'의 용법에 대해 그다지 주의를 기울이지 않는다. 사실 초등수학 교육 단계에서부터 제대로 배워두었으면 한다.

나는 초등학교에서 외부 강연도 많이 했는데, 어떤 학교에서 처음으로 다음과 같이 말했다.

"이 학교의 학생 수는 약 400명입니다. 그리고 1년은 365일 또는 366일이기 때문에 이 학교의 어떤 두 학생은 생일이 같겠죠. 이런 성질을 '비둘기집 원리'라고 해요."

그랬더니 어떤 학생이 이렇게 질문했다.

"선생님, 그럼 저랑 생일이 같은 사람은 누구예요?"

"너와 누군가가 아니라 누군가와 누군가란다."

이렇게 대답했던 것이 추억으로 남아 있다.

중학교 내용에 관해서는 특히 '방정식'과 '항등식'의 차이를 알아보자. 방정식이란 예를 들어, 아래처럼 x와 같은 미지수에 어떠한 수를 대입하면 등호가 성립하는 '어떤 수'를 구하는 식이다.

$$5x - 3 = 2$$

이 경우 방정식의 해는 $x = 1$이다.

한편 항등식이란 예를 들어, 아래처럼 x와 같은 미지수에 어떤 수를 대입해도 등호가 성립하는 식을 말한다.

$$5x - 3x = 2x$$

이 둘을 헷갈리는 학생이 몹시 많아서 교원연수회에서 강연할 때마다 '어떤'의 방정식과 '모든'의 항등식을 헷갈리지 않도록 지도해야 한다는 점을 강조하고 있다.

예를 들어, 다음 방정식을 푸는 문제가 있다고 하자.

$$\frac{x-1}{6}=\frac{x+3}{4}$$

'양변에 12를 곱하고'라 적고 아래처럼 계산해 답을 구하는 것은 좋은 방법이다.

$$2(x-1)=3(x+3)$$

그런데 '다음을 계산하시오'라는 아래 계산 문제를 풀 때도 잘못 적용해서 '양변에 12를 곱하고'라 적는다.

$$\frac{x-1}{6}-\frac{x+3}{4}$$

그러고는 아래처럼 계산하는 학생이 적지 않다.

$$2(x-1)-3(x+3)$$

이렇게 하면 정답인 계산 결과를 12배하게 된다.

주로 사회인 대상의 내용이지만 마틴게일 베팅법이라는 베팅법을 알고 있는가? 예를 들어, 처음에는 1만 원을 건다. 그 판에서 지면 다음에는 2만 원을 건다. 또 지면 그다음에는 4만 원을 건다. 그렇게 졌을 때마다 다음 판에 베팅 금액을 두 배로 늘리면, 언젠가는 이기게 되고, 이겼을 때 총 1만 원의 이익을 얻을 수 있다. 그리고 승리한 후에는 다시 1만 원을 걸고 시작하는 방법이다.

1회차, 2회차, 3회차에 지고, 4회차에 이겼다면 1만 원, 2만 원, 4만 원을 잃고 8만 원을 벌었기 때문에 총 1만 원을 얻게 된다. 그다음에는 다시 1만 원을 거는 것이다.

이 마틴게일 베팅법을 반드시 이기는 방법이라고 생각하는 사람이 많다.

이 방식의 문제점은 '언젠가는 이긴다'는 부분에 있다.

'n회차까지 반드시 이길 수 있는 자연수(양수) n이 존재하는가?'라고 자문하면 바로 알 수 있듯이 n을 아무리 큰 자연수로 설정하더라도 그런 자연수는 존재하지 않는다.

한편, 어떤 자산가라도 베팅에 사용할 수 있는 돈에는 한도가 있다. 즉, 연속해서 계속 지더라도 괜찮은 횟수에는 최대 자연수가 존재하기 때문에 그 횟수를 넘기 전에 승리해야 마틴게일 베팅법의 방식이 성립할 수 있는 것이다.

여기에서 소개한 사례에서도 '모든'과 '어떤'의 용법이 얼마나 중요한지를 이해했으면 좋겠다.

사실 이 용법을 이용한 명제의 부정문은 초등수학·수학을 배우는 데만이 아니라 사회인으로 살아가는 데도 중요하다.

다음 두 문장의 부정문을 서술하는 문제를 생각해 보기 바란다.

'모든 학생은 휴대전화를 가지고 있다'

'어떤 학생의 키는 190cm 이상이다'

각각의 부정문을 아래처럼 답하는 사람이 많다.

'모든 학생은 휴대전화를 가지고 있지 않다'

'어떤 학생의 키는 190cm 미만이다'

그러나 이 답은 틀렸다. 각각의 정답은 다음과 같다.

'어떤 학생은 휴대전화를 가지고 있지 않다'

'모든 학생의 키는 190cm 미만이다'

부정문을 적을 때의 요점은 '모든'과 '어떤'을 바꾸는 것이다.

내가 도쿄이과대학교에서 오비린대학교로 근무지를 옮긴 2007년 2월에 시행된 도쿄이과대학 공학부 수학 입학시험 문제에서 '모든'과 '어떤'이 들어간 문장의 부정문을 작성하는 문제가 출제되었다.

그 입시가 끝난 직후부터 한동안 그 문제와 정답을 두고 도쿄이과대학교에서 근무하는 수학 교수 몇 명이 열띤 토론을 벌이는 모습을 보면서 '나도 그러한 용법에 대해서 계속 이야기하자'고 결심했다.

복습 문제

다음 각 문장의 부정문을 말해라.

(1) 다음 회의가 25일에 열리면 그 회의에 A 씨는 출석한다.

(2) 자연수(양수) n은 3과 5의 공배수다.

(3) 자연수 n은 3 또는 5의 배수다.

(1) 다음 회의가 25일에 열리지만, 그 회의에 A 씨는 출석하지 않는다.

(2) 자연수 n은 3의 배수가 아니거나 5의 배수가 아니다.

(3) 자연수 n은 3의 배수도 아니고 5의 배수도 아니다.

맺음말

일본의 수학 교육 역사를 돌아보면, 17~19세기에는 수학 교과서 『진겁기』(요시다 미쓰요시)가 국민들 사이에 보급되었기에 일본 국민의 수학 수준은 세계적으로도 상당히 높았다. 쇼카손주쿠 학당을 운영한 요시다 쇼인[1]은 후에 왕족을 가르치기도 한 교육자인 스기우라 주고가 요시다 쇼인의 제자이자 정치인인 시나가와 야지로와의 담화로 남긴 다음의 말에서도 알 수 있듯이 수학 교육을 중요하게 여겼다.

"(쇼인) 선생님께서는 이 산술에는 사농공상의 구별이 없고, 세상사 주판알에서 벗어난 것은 없다고 늘 훈계하셨다"(잡지 『일본과 일본인』(국내 미발간)의 「쇼인 40년」)

이 가르침은 20세기의 고도 경제성장기까지 줄곧 이어져 왔다고 생각한다.

다음으로 1875년부터 1879년까지 일본의 고부대학교(도쿄대학교 공학부의 전신)에 초청되어 강의했던 영국의 응용 수학자이자 수학 교육자인 존 페리(1850-1920)의 가르침은 기술을 기반으로 일본이 발전하는 데 초석을 다지는 중요한 역할을 했다. 입체도형과 소수 계산을 중요하게 여긴 존 페리의 사상은 공업 발전에 중요한 축이 되었다. 페리의 강연록에 있는 "수학으로 자신을 위한 사고에서 벗어나 모든 것을 생각하는 중요성을 배운다"라는 말에 주목하고 싶다.

---

1 일본의 무사 출신 사상가이자 교육자로, 19세기 후반에서 20세기 초 일본을 이끈 지도자들을 많이 육성했다.

제2차 세계대전 말기에 우수한 과학자를 육성할 목적으로 설립된 특별과학학급(특별과학조)은 불과 2년 반 만에 폐쇄되었지만 전쟁 후의 일본을 쌓아 올린 지도자 역할의 인재를 많이 배출했다. 또한 고도 경제성장기가 끝나갈 무렵까지 고등학교 수학의 평균 수준은 현재보다 훨씬 높았다.
그러나 그런 수학 교육 시대로 돌아가야 한다고 생각하는 것은 전혀 아니다. 운동 능력과 마찬가지로, 수학은 개인마다 큰 차이가 있기 때문에 모든 역에서 정차하는 열차로 여행을 즐기듯이 모두가 자신의 속도에 맞추어 천천히 수학을 이해하고, 이해한 내용을 각자의 인생에서 활용할 수 있다면 충분하다. 그리고 그것이 일본의 미래를 밝힐 것이라고 기대한다.

이 책은 담당 편집자이자 고단샤 기획부장인 스즈키 다카유키 씨, 그리고 고단샤 현대비즈니스 사업부 소속인 안도 시오리 씨의 노고 덕분에 완성한 것이기에 이 자리를 빌려 깊은 감사 인사를 전한다.